贵州卫星气象遥感技术研究及应用

刘　丽　谷晓平　主　编
陈　娟　刘　清　副主编

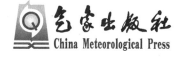

气象出版社
China Meteorological Press

内 容 简 介

本书汇集了贵州气象部门卫星遥感的研究、开发和利用成果,内容包括贵州卫星气象遥感技术及应用进展、卫星气象遥感技术在气象领域的研究与应用、生态环境遥感监测研究与应用、灾害遥感监测研究与应用等,涵盖卫星遥感反演大气水汽及云液态水、地表反射率产品的应用、植被生长状况和作物长势遥感监测、陆面温度和城市热岛反演、水体及积雪遥感监测应用与服务以及干旱、暴雨、林火、大雾等灾害的遥感监测等方面的技术方法和开发应用。

本书可为气象、农业、林业、水文、水利、生态环境建设与保护、城市规划和管理等行业及部门开展卫星遥感科研和应用服务提供参考。

图书在版编目(CIP)数据

贵州卫星气象遥感技术研究及应用 / 刘丽,谷晓平
主编. — 北京 :气象出版社,2018.9
ISBN 978-7-5029-6831-1

Ⅰ.①贵… Ⅱ.①刘… ②谷… Ⅲ.①卫星遥感-遥感技术-应用-生态环境-气象观测-贵州 Ⅳ.①P41

中国版本图书馆 CIP 数据核字(2018)第 206896 号

Guizhou Weixing Qixiang Yaogan Jishu Yanjiu Ji Yingyong

贵州卫星气象遥感技术研究及应用

刘丽 谷晓平 主编

出版发行:气象出版社
地 址:北京市海淀区中关村南大街 46 号　　　　邮政编码:100081
电 话:010-68407112(总编室) 010-68408042(发行部)
网 址:http://www.qxcbs.com　　　　**E-mail:** qxcbs@cma.gov.cn
责任编辑:隋珂珂　　　　终　审:吴晓鹏
责任校对:王丽梅　　　　责任技编:赵相宁
封面设计:博雅思企划
印 刷:北京建宏印刷有限公司
开 本:787 mm×1092 mm 1/16　　　　印　张:10.5
字 数:270 千字
版 次:2018 年 9 月第 1 版　　　　印　次:2018 年 9 月第 1 次印刷
定 价:68.00 元

编写委员会

主   编   刘   丽   谷晓平
副 主 编   陈   娟   刘   清
编写人员   刘   丽   谷晓平   陈   娟   刘   清
                徐丹丹   康为民   廖   瑶   孟维亮
                高   鹏

前　言

　　卫星气象遥感是 20 世纪 60 年代发展起来的大气科学的新兴学科分支,经过最近几十年的发展,通过同时提供重要的大气和地表物理参数,逐渐向陆面遥感领域拓展,为当前全球高度关注的气候、环境和生态监测研究提供了重要技术手段和基础研究数据。遥感产品已广泛应用于天气预报、气候预测、灾害监测、环境监测、军事活动气象保障、航天发射保障等重要领域,在台风、暴雨、大雾、沙尘暴、森林草原火灾等监测预警中发挥着重要作用。贵州是一个岩溶地貌发育强烈,丘陵起伏、槽谷纵横,地形特别复杂的省份。特殊的地理位置、复杂的大气环流过程和下垫面条件,形成了丰富多样、呈立体分布的气候类型,也造成了生态环境的多样性、脆弱性和各种自然灾害的频繁发生,因此,提高局地中小尺度天气系统和喀斯特山区地表参数的遥感反演精度,开展生态环境、自然灾害的遥感动态监测有着迫切需求。

　　2001 年以来,在中国气象局业务发展、贵州省科技厅、贵州省优秀科技教育人才省长专项资金和贵州省气象局相关项目的支持下,我们在陆面温度、大气水汽、云和降水、地一气系统辐射收支遥感反演等方面进行了深入的研究,同时加强卫星气象遥感技术向环境领域拓展,开展贵州生态环境的反演研究和动态监测,建成了卫星遥感监测陆面温度、大气水汽、云和降水、植被生长状况、作物长势、干旱、洪涝、森林火灾、城市热岛等业务体系,形成了具有西南山地环境特色的卫星气象遥感应用体系。

　　本书是作者在多年的研究和业务工作基础上总结提炼撰写而成。其研究成果突出了西南喀斯特山区气象和生态环境遥感信息解译的特点,在遥感与地理信息系统、气象观测、数值模拟等多种技术融合,反演大气可降水量和高原山地城市的热环境,卫星红外云图资料在中尺度模式 MM5 的变分同化,利用多源、多时相卫星反演地表生态参数和水稻产量估算方面具有一定的创新性。项目的实施与应用促进了贵州喀斯特地区的生态环境保护与可持续发展,提升了抵御和防范生态退化与自然灾害的能力,有利于推动建成环境优美和可持续发展的生态文明社会。项目成果得到了社会各界的肯定。

　　本书由贵州省山地环境气候研究所组织编著完成。在编著过程中,得到了贵州省气候中心、贵州省减灾中心、贵州省气象服务中心、贵州省人工影响天气办公室、贵州省气象台、黔东南州农委以及黔南州、黔西南州、六盘水市、安顺市、铜仁市、黔东南州、贵阳市、遵义市、威宁县、平塘县等气象局的大力支持和帮助,在此表示由衷的感谢!

　　限于著者能力和水平,书中难免存在不妥之处,敬请读者批评指正。

编著者

2016 年 10 月

目　　录

第1章　贵州卫星气象遥感技术
及应用进展

　　遥感技术是从远距离感知目标反射或自身辐射的电磁波、可见光、红外线,对目标进行探测和识别的技术。目前遥感已形成了一个从地面到空中,乃至空间,从信息数据收集、处理到判读分析和应用,对全球进行探测和监测的多层次、多视角、多领域的观测体系,成为获取地球资源与环境信息的重要手段。其中中高分辨率、多通道气象和环境卫星具有探测周期短、覆盖面积大、实时性强等特点,在获取地理资源、气象观测、环境监测、海洋生态、矿产普查、灾害预报等方面得到了广泛的应用。利用气象卫星探测资料研究大气运动和为天气预报服务,也逐渐形成了气象学的一个新分支——卫星气象学。

1.1　贵州地理环境及卫星气象遥感特点

　　气象卫星观测数据包含高精度的大气温度、湿度、辐射、位势高度、云、水汽、气溶胶、微量气体(臭氧)等垂直分布信息,是天气分析预报和研究气候及气候变化的重要依据。在大尺度天气系统的特征分析、中尺度强对流系统分析、气候变化监测、大气成分监测及其辐射气候效应分析诸多领域发挥着重要作用。在卫星遥感日益成为大尺度天气降水和热带气旋、台风、暴雨等灾害性天气监测必不可少的工具的同时,将遥感信息应用于区域和局地天气系统分析,加强局地中小尺度天气系统的监测能力是现阶段卫星气象学需要拓展的领域之一,也是在贵州这样的低纬多云山区卫星气象遥感技术发展的主要方向和目的之一。除地球大气信息外,地球观测卫星和气象卫星探测信息中还有大量可用于陆地的遥感数据,对生态环境参数进行定量反演,可实现大范围生态环境动态监测,从而使卫星遥感信息在农业生产、自然灾害监测、旅游业、环境保护等方面得以充分应用,服务于地方社会、经济发展。

　　贵州位于云贵高原东侧、青藏高原东南坡。境内地势西高东低,自中部向北、东、南三面倾斜,海拔从西部最高的赫章县韭菜坪 2900.6 m 降低到东部黎平县水口河谷的 147.8 m,平均在 1100 m 左右,境内岩溶地貌发育强烈,丘陵起伏、槽谷纵横,山地和丘陵占全省总面积的92.8%。贵州属亚热带湿润季风气候,由于特殊的地理环境,影响贵州的天气气候系统多达数十种。如西南季风和东南季风给贵州春夏带来丰沛的降水;副热带高压的位置和强弱影响贵州的冷暖和降水量的多寡;南亚高压和厄尔尼诺—南方涛动(ENSO, El Niño-Southern Oscillation)影响贵州盛夏伏旱或多雨;极地低压和东亚大槽强度和位置决定冬季风的强弱;冬季风常伴随滇黔静止锋,使得贵州的冬季阴雨绵绵,出现持续的凝冻天气过程;西南热低压和促成的小季风使贵州西部和南部春季日照丰富、温暖舒适;西南低涡则是夏半年贵州出现重大降水的一个天气系统过程;而青藏高原大地形、境内山脉也会影响水汽输送、暖湿气团抬升等,造成局地降水过程。复杂的大气环流过程和下垫面条件,使得在贵州发展卫星气象遥感技术,加强中小尺度天气系统监测和向生态环境遥感领域的拓展提出了严峻挑战。

近年来国内外遥感卫星技术蓬勃发展,新型载荷的优化设计和卫星总体设计的提高,使得无论是传感器的空间分辨率、光谱分辨率,还是数据质量都得到了很大提高,使得区域或局地的气象要素和生态环境参数精细化反演成为可能,然而将其应用到气候复杂的贵州喀斯特多云山区,还是非常具有挑战性的工作,对此问题的不断思考和探索,逐渐形成了以下具有西南山地环境特色的卫星气象遥感应用领域:

(1)大气水汽和云液态水反演

贵州处于青藏高原南侧水汽辐合输送带中,特殊的地理位置和地形条件为形成亚热带湿润季风气候的水汽输送创造了有利条件,是贵州气候多阴雨、少日照的根本原因,与空中水资源丰富相反,受副热带高压、南亚高压和 ENSO 循环强弱等影响,春夏常出现干旱少雨。在大气水汽和云液态水定量遥感方面,我们发展了大气可降水量反演模型,首次提出利用中分辨率成像光谱仪(MODIS, Moderate Resolution Imaging Spectrum radiometer)近红外水汽吸收波段表观反射率的比值反演大气水汽的方法,反演结果精度优于地球观测卫星(EOS, Earth Observation System)同类产品;基于云光学性质与云液态水含量的物理关系,推导出利用云光学厚度和云有效粒子半径反演云中液态水含量的函数关系式,并成功生成云液态水含量反演产品。

(2)中尺度对流云系反演

受青藏高原的热力和动力影响,贵州多强对流天气。除少量过境的西南涡东移南下影响外,本地生成的中尺度对流系统是该区域及下游强对流天气的主要影响系统。利用红外卫星云图对每个云团的生消和移动进行实时监测,发展了风云 2 号卫星红外云图资料在中尺度模式 MM5(Mesoscale Model 5)的变分同化技术和方案并应用于暴雨预报,为卫星反演资料在暴雨预报中的应用探索新的途径。同时利用 TRMM 卫星观测资料对发生在贵州西部夏季的暴雨天气过程进行分析,分析不同暴雨过程降水云团的水平特征、演变特征以及反演出的反射率特征。

(3)地表气象参数反演

发展了适合复杂下垫面的基于多源、多时相卫星数据的陆面温度反演技术,通过遥感技术与气象观测、数值模拟等技术融合,在陆面温度反演基础上,探索出一套高原山地城市热岛效应及评估林带对减缓热岛效应的方法;利用多源、多角度遥感卫星传感器的地表反照率,研究各产品地表反照率之间存在的系统性差异,以及差异的大小,评估其地表反照率的反演算法。

(4)生态环境参数遥感反演及动态监测

研制出适于多云山区生态环境动态监测的遥感信息解译和合成技术,提取典型下垫面如森林、草地、作物地、石漠化区等长时间序列遥感信息,运用小波分析方法获得植被指数值的周期变化,形成指标图集。基于多时相的 MODIS 数据,采用遥感和地理信息系统技术,发展数字高程模型辅助下的水稻种植信息自动提取流程,建立复杂地形条件下水稻长势监测与产量估算的遥感方法,运用建立的水稻指数曲线和单产模型监测水稻长势和估算产量。

(5)自然灾害遥感动态监测

贵州自然灾害频繁,每年因生态退化(水土流失、石漠化)、干旱、低温冷害、洪涝、森林火灾、病虫害等自然灾害造成巨大的损失,还有无法估计的生命损失和对环境与社会的间接影响。卫星遥感作为一种全新的探测手段,具有宏观性、客观性和实时性强的特点,可对灾害进行灾前跟踪、预警,灾期动态监测和灾后损失评估、恢复监测等。在这方面,我们利用植被供水指数、温度植被干旱指数等干旱遥感监测模型,开展了干旱遥感监测研究和业务,揭示贵州复杂山区独特的归一化植被指数—地表温度(NDVI-Ts)空间的弓形结构特征,表明干旱监测指标模型与观测的土壤湿度和地面干旱指数的显著相关性;通过对极轨气象卫星多波段遥感图像的雾和林火辐射特性分析研究,以及地面观测数据验证,研发雾与林火的遥感监测技术,建立了贵州遥感反演雾和林火的识别指标和判别阈值。

　　以上各项领域的研究与监测服务已纳入正规的业务,形成贵州大气和生态环境遥感监测业务框架和体系,开展贵州生态环境的日/旬/月动态监测并对外发布生态环境监测公报。对气象和生态环境灾害实现逐日全天候监测,在发生时段发布不定期的自然灾害监测公报,特别对林火制定了 1 小时内汇报的制度,在防火季节每天发布林火监测信息。通过将卫星气象遥感技术研究与业务相结合,提升了卫星数据和服务产品的利用价值,使卫星遥感信息在天气气候预测、农业生产、灾害监测、旅游业、环境保护等方面得以充分应用。

1.2　贵州卫星气象遥感技术发展状况

　　2003 年,贵州省气象局建成了"HY-6A EOS/MODIS 卫星资料接收处理系统"和极轨气象卫星接收处理系统,接收美国 TERRA、AQUA 两颗地球观测卫星资料和 NOAA、中国风云1(FY-1)系列气象卫星资料。2004 年又建成了"DVB-S 卫星遥感系统",接收来自 TERRA、AQUA、NOAA-16、NOAA-17、NOAA-18 以及 FY-1D 6 颗卫星的遥感资料。2010 年建成了"FY-3 卫星数据接收处理系统",接收 NOAA 系列、EOS/MODIS 系列以及 FY-3A/3B 系列卫星数据。根据中国气象局的要求,2012 年 5 月将"DVB-S 卫星遥感系统"升级为"CMACast系统",保障了卫星资料接收的稳定性、时效性和精确性。2013 年 09 月 23 日,FY-3C 卫星发射成功,作为我国新一代极轨气象卫星风云三号首颗业务星,FY-3C 卫星搭载了可见光红外扫描辐射计(VIRR)、红外分光计(IRAS)、微波温度计(MWTS)、微波湿度计(MWHS)、中分辨率光谱成像仪(MERSI)、微波成像仪(MWRI)、紫外臭氧垂直探测仪(SBUS)、紫外臭氧总量探测仪(TOU)、地球辐射探测仪(ERM)、太阳辐射监测仪(SIM)、空间环境监测仪(SEM)、掩星探测仪(GNOS)共 12 台遥感探测仪器。为了进一步扩充原有 FY-3 数据接收处理系统的业务能力,贵州省气象局于 2014 年 6 月将"FY-3 卫星数据接收处理系统"进行升级,在此系统中增添对 FY-3C 卫星数据的接收、处理及应用的功能。2016 年 4 月,贵州省气象局在清镇建立了风云三号气象卫星省级接收站,接收 NOAA 系列、EOS/MODIS 系列、FY-3 系列以及NPP 卫星数据,实现了多源卫星资料的实时接收。

　　从 2004 年起,贵州省气象局开展生态环境和自然灾害遥感监测业务,后续的研究不断投入到遥感监测业务中,形成长期稳定的业务体系,提供的实时业务产品涵盖了天气气候预测、生态环境监测和自然灾害监测预警等多个领域。以"3S"技术为主体,建立了专题遥感监测、预警的方法和模型,在陆面温度、大气水汽、云和降水、地-气系统辐射收支遥感反演等方面进行了深入的研究,同时加强卫星遥感技术向环境领域拓展,开展贵州生态环境的反演研究和动态监测,建成了卫星遥感监测陆面温度、大气水汽、云和降水、植被生长状况、作物长势、干旱、洪涝、森林火灾、城市热岛等业务体系。制作发布干旱、林火、积雪等多专题的遥感分析产品,能使遥感资料与地面点精确配准,快速查找火灾点等地面信息,并且用地面资料对遥感信息进行验证与校准,针对各地不同的地理特点,开展植被生长状况、自然灾害等专业性的定量遥感监测、评价、服务工作。加强遥感地面调查订正工作,修订生态环境监测各项指标,加强与各气象台站、各生态监测点的联系,做好遥感信息反馈工作,同时加强与林业、农业、环保等部门的合作,努力提高遥感产品的准确率和实用性。

第2章 卫星气象遥感技术在气象领域的研究与应用

2.1 大气水汽的遥感反演与应用

水汽是水分和热量传递的基质,在大气能量传输和天气系统演变中起着非常重要的作用。水汽是一个多变参数,它的相位变化与降雨直接相关,大气中的水汽含量是预报中尺度或局地尺度的降雨强度的一个必要参数。目前有多种探测大气水汽的手段,其中较常使用的有微波水汽辐射计(WVR,Water Vapor Radiometer)、无线电探空仪(Radiosonde)和激光雷达。但是这些水汽探测手段存在很多限制,如费用昂贵、时间空间分辨率低、不能全天候观测等。

卫星技术的发展为探测大气水汽提供了新的手段。目前大气水汽遥感反演主要有三种方法:近红外、热红外和微波方法,其中近红外方法应用最为广泛。在近红外方法中又根据计算水汽的透射率计算采用通道的不同分为二通道比值法(一个吸收通道与一个窗区通道的比值)和三通道比值法(一个吸收通道与两个窗区通道的比值)。目前,国内外更多的研究多是针对AVHRR 或 ATSR 数据进行的。

MODIS 传感器是 EOS 系列卫星中安装在 TERRA 和 AQUA 两颗卫星上的中分辨率成像光谱仪,是新一代"图谱合一"的光学遥感仪器,具有 36 个光谱通道,其中 1～19 和 26 通道为可见光和近红外通道,其余 16 个通道均为热红外通道。目前 EOS 网站发布的 MODIS 大气水汽产品可降水汽(PWV,Precipitable Water Vapor)是使用 Kaufman 等(1992)和 Gao 等(1998)提出的波段比值算法。该算法从 MODIS 传感器的五个水汽反演波段(2,5,17,18,19)出发,在假设下垫面单一的条件下,使用 DISORT 辐射传输模型,计算生成包括大气水汽含量、水汽透过率、太阳天顶角、观测天顶角、相对方位角等数据项的查找表。应用中首先根据五个波段的辐射观测值计算出各波段的表观反射率,由水汽吸收波段(17,18,19 波段)和大气窗口波段(2,5 波段)表观反射率的比值求出水汽吸收波段对应的水汽透过率。相对误差在晴空条件下(可见范围 20 km)达到±13%。相对于使用水汽吸收通道与窗口通道比值反演大气水汽的方法,历史上 Fourin 等(1990)曾做过飞行试验,使用两个中心波长为 936 nm 的水汽吸收通道(光谱范围分别为 17 nm 和 45 nm)推算水汽总量,与探空结果比较,发现该试验的结果误差为 15%。黄意玢等(2002)使用 6S 辐射传输模型模拟 940 nm 附近 4 个水汽吸收通道(中心波长分别为 903,923,943 和 963 nm)的反射率之比 $\dfrac{\rho_{943}}{(\rho_{923}+\rho_{943}+\rho_{963})/3}$ 与大气廓线水汽含量的关系,模拟结果的相对误差在 6% 以下。姜立鹏等(2006)、毛克彪等(2004)进行 MODIS 近红外二通道比值法和三通道比值法反演大气水汽的试验与融合,取得了较好的效果。

另外,MODIS 近红外数据有 3 个水汽吸收通道(17,18 和 19),而目前一般仅利用 19 通道反演大气水汽含量,17 和 18 通道很少涉及。

综上所述,我们在前人研究成果的基础上,以贵州为研究区域,探讨基于 MODIS 的近红外二波段表观反射率的比值反演大气水汽的方法,以便于业务运行。

2.1.1　MODIS 二波段比值法反演大气水汽原理

2.1.1.1　大气水汽含量

表示大气水汽状况的物理量通常有两个:一个是对高度积分的水汽含量 IWP(Integrated Water Vapor),即每单位面积上的水汽的质量,其在高度上理解为无限往上的延伸。

另一个物理量是可降水汽 PWV,它相当于同样水汽含量的水柱高,可理解为某一时刻大气中的水汽在达到饱和时凝结成水全部降落后生成的降水量。即

$$PWV = \frac{IWP}{\rho_\omega} \tag{2.1}$$

式中,ρ_ω 是液态水的密度。在遥感反演中,可降水汽定义为:单位面积上,沿卫星天顶角方向从地表到大气层顶的所有水汽,凝结后的水柱高度。即 1cm PWV 对应为 1 g/cm² 的水汽柱。

2.1.1.2　MODIS 水汽反演波段

利用地表或云在 MODIS 近红外通道的测量值可以反演出大气水汽含量 PWV。用于大气水汽反演的五个近红外通道见表 2.1。0.865 μm 和 1.24 μm 是 MODIS 上用于反演植被和云的非水汽吸收通道;0.936 μm、0.940 μm 和 0.905 μm 是三个水汽吸收通道,它们的水汽吸收系数依次降低,0.936 μm 的强水汽吸收通道适用于在干燥环境下进行水汽反演,0.905 μm 的弱水汽吸收通道适用于潮湿的环境或太阳高度角很低的情形。

表 2.1　MODIS 传感器的 5 个近红外水汽反演波段

波段号	光谱范围	中心光谱	地面分辨率
2	841~876 nm	865 nm	250 m
5	1230~1250 m nm	1240 nm	500 m
17	890~920 nm	905 nm	1000 m
18	931~941 nm	936 nm	1000 m
19	915~965 nm	940 nm	1000 m

2.1.1.3　二波段比值法原理

传感器接收的辐射亮度简化表示为:

$$L_{Sensor}(\lambda) = L_{Sun}(\lambda)T(\lambda)\rho(\lambda) + L_{Path}(\lambda) \tag{2.2}$$

式中,λ 为波长;$L_{Sensor}(\lambda)$ 是传感器接收到的辐射亮度;$L_{Sun}(\lambda)$ 是大气顶太阳辐射亮度;$T(\lambda)$ 是大气透过率(从太阳到地面和从地面到传感器两部分透过率的乘积);$\rho(\lambda)$ 为地表(双向)反射率;$L_{Path}(\lambda)$ 为大气程辐射。在晴朗无云、能见度较高(气溶胶含量少)的情况下,程辐射中的多次散射相对于单次散射忽略不计,假设公式右侧第二项正比于第一项,且常数部分计为 K,即

$$L_{Sensor}(\lambda) = L_{Sun}(\lambda)T(\lambda)\rho(\lambda)(1 + 常数) = L_{Sun}(\lambda)T(\lambda)\rho(\lambda)K \tag{2.3}$$

公式两边同除以 $L_{Sun}(\lambda)$

$$\rho^*(\lambda) = L_{Sensor}(\lambda)/L_{Sun}(\lambda) = T(\lambda)\rho(\lambda)K \tag{2.4}$$

式中,$\rho^*(\lambda)$ 为表观反射率,可以由传感器观测得到。

在 940 nm 附近,影响 $T(\lambda)$ 的因素包括分子散射、气溶胶散射和水汽吸收,相对于其他两种因素,分子散射可以忽略不计。假设气溶胶散射和水汽吸收两种过程各自独立,因此

$$T(\lambda) = T_a(\lambda) T_{wv}(\lambda) \tag{2.5}$$

式中,$T_a(\lambda)$ 和 $T_{wv}(\lambda)$ 分别表示气溶胶散射和水汽吸收。$\rho(\lambda)$、$T_a(\lambda)$ 和 $T_{wv}(\lambda)$ 随波长变化的规律不同,$\rho(\lambda)$ 和 $T_a(\lambda)$ 随波长变化缓慢,而 $T_{wv}(\lambda)$ 具有波长选择性。在 940 nm 附近的水汽吸收带,$T_{wv}(\lambda)$ 变化剧烈,$\rho(\lambda)$ 和 $T_a(\lambda)$ 变化很小。因此,选择 940 nm 附近的光谱通道,通过不同通道的反射率之比消除 $\rho(\lambda)$ 和 $T_a(\lambda)$ 的影响,从而得到反映水汽含量的 $T_{wv}(\lambda)$。因此,在 940 nm 附近的不同波段的表观反射率之比中消除了 $\rho(\lambda)$ 和 $T_a(\lambda)$ 的影响,并且表观反射率之比恰恰等于相应波段的 $T_{wv}(\lambda)$ 之比,该比值与大气水汽含量有关。因此,通过 MODIS 传感器两个波段表观反射率的比值反演 PWV 是可行的。

2.1.1.4　表观反射率的计算

根据朗伯(Lambertian)反射率定义,大气层顶的表观反射率 ρ 等于该表面的辐射出射度 M 和辐照度 E 的比值:

$$\rho = \frac{M}{E} \tag{2.6}$$

假设在大气层顶,有一个朗伯反射面。太阳光以天顶角 θ 入射到该面,则该表面的辐照度为 $E = \mathrm{ESUN} \cdot \cos\theta / D^2$,辐射出射度 $M = \pi L$(吕斯骅,1981)。

由此上式可以写成:

$$\rho = \frac{M}{E} = \frac{\pi L D^2}{\mathrm{ESUN} \cdot \cos\theta} \tag{2.7}$$

式中,ρ 为大气层顶(TOA)表现反射率(无量纲);π 为常量(球面度 sr);L 为大气层顶进入卫星传感器的光谱辐射亮度($\mathrm{W} \cdot \mathrm{m}^{-2} \cdot \mathrm{sr}^{-1} \cdot \mu\mathrm{m}^{-1}$);$D$ 为日地之间距离(天文单位);ESUN 为大气层顶的平均太阳光谱照度($\mathrm{W} \cdot \mathrm{m}^{-2} \cdot \mu\mathrm{m}^{-1}$);$\theta$ 为太阳的天顶角。光谱辐射亮度 L 和光谱辐照度 ESUN 与波段有关,不同的波段有其相应的值。由于 L 实际上为来自地物和大气辐射亮度的总和。因此,大气层顶的表观反射率 ρ 也是地面反射率 ρ_G 和大气发射率 ρ_A 的总和。

各个波段的每个像元的辐射亮度 L 值可以根据(2.9)式计算。

$$L = \frac{L_{\max} - L_{\min}}{\mathrm{QCAL}_{\max} - \mathrm{QCAL}_{\min}} \cdot (\mathrm{QCAL} - \mathrm{QCAL}_{\min}) + L_{\min} \tag{2.8}$$

式中,QCAL 为某一像元的灰度值 DN;$\mathrm{QCAL}_{\max}$ 为像元可以取的最大灰度值 255;$\mathrm{QCAL}_{\min}$ 为像元可以取的最小值(一般取值为 0 或 1)。对于 MODIS($\mathrm{QCAL}_{\min}=1$)来说,(2.8)式可以改写为:

$$L = \frac{L_{\max} - L_{\min}}{254} \cdot (DN - 1) + L_{\min} \tag{2.9}$$

式中,$L_{\max}$ 和 $L_{\min}$ 分别为 $\mathrm{QCAL}=255$ 和 $\mathrm{QCAL}=1$(或 0)时的光谱辐射亮度值。

2.1.2　透射率—大气水汽含量模拟

2.1.2.1　大气辐射传输模型

大气辐射传输模型用于模拟大气与地表信息之间耦合作用的结果,其过程可以描述为地表光谱信息与大气耦合以后,在遥感传感器上所获得的信息(程天海等,2009)。

　　早期大气传输的计算大多采用查表的方法。如水平观测路径的大气透过率可通过查海平面水平路程上主要吸收气体水蒸气,二氧化碳的光谱透过率表。由于二氧化碳成分变化不大,它的透过率可直接查表。水汽是大气的可变成分,它的吸收与气温、相对湿度有关,即与反映每千米可凝水量的绝对湿度有关。

　　对一定海拔高度的水平路程,由于大气压强低,吸收带变窄,同样路程透过率增加,须引入高度修正因子,等效折算到海平面路程。倾斜路程则要将路程等分为若干段,分段折算等效路程,计算各段的透过率,再求整个路程的透过率。查表法对大气传输模型做了大量简化,也未考虑散射,计算繁复,精度较差,已很少使用。美国麻省汉斯康姆空军基地的地球物理管理局发展了一套大气传输软件:LOWTRAN(低频谱分辨率传输)、FASCODE(快速大气信息码)、MODTRAN(中频谱分辨率传输)等。这些大气传输模型都可以达到较高的精度(董言治等,2003)。

　　MODTRAN 模式是公认的以中等光谱分辨率($2\ \mathrm{cm}^{-1}$)计算大气透过率和辐射值的标准模式。与 LOWTRAN 相比,其改进了光谱分辨率,将光谱的半高全宽度(FWHM,full with half maximum)由 LOWTRAN 的 $20\ \mathrm{cm}^{-1}$ 减少到 $2\ \mathrm{cm}^{-1}$。对于 $0\sim22000\ \mathrm{cm}^{-1}$ 波段数,采用 $1\ \mathrm{cm}^{-1}$ 间隔进行计算,对于 $22000\sim50000\ \mathrm{cm}^{-1}$ 波段数,采用 $5\ \mathrm{cm}^{-1}$ 的固定步距。实测资料分析表明(孙毅义 等,2004;傅炳珊 等,2001):在模拟大气透过率上,LOWTRAN 可以出现 $>7\%$ 的误差,MODTRAN 则 $<3\%$,用模型得到的各种参数在误差允许范围内可以接受。

　　为此,本节采用 MODTRAN 4.0 进行大气透过率与大气水汽含量的关系模拟。

2.1.2.2　平均透过率的计算

　　首先假设已经完成了图像的几何纠正,因此,无须考虑卫星天顶角的差异,按照中纬度夏季、中纬度冬季两种大气模式,利用 MODTRAN 模型模拟不同大气水汽含量和不同气溶胶模式下两波段的透过率。由于模拟透过率的分辨率为 1 个波数(cm^{-1}),因此,使用 MODIS 红外波段的任意两个波段的波段响应函数对其进行加权积分,最终得到对应于两个波段的积分透过率,进而求得两波段透过率之比。

　　波段 ν_1 至 ν_2 的平均透过率计算公式如下:

$$\tau=\frac{\displaystyle\int_{\mu_2}^{\mu_1}\tau(\mu)\phi(\mu)\mathrm{d}\mu}{\displaystyle\int_{\nu_1}^{\nu_2}\phi(\nu)\mathrm{d}\nu}\qquad(2.10)$$

式中,$\phi(\mu)$ 为波段响应函数;$\tau(\mu)$ 为大气透过率。

2.1.2.3　不同波段比与水汽含量(mm)关系曲线拟合

　　从表 2.1 中的五个波段中任选 2 个或 3 个波段计算反射率之比,其中一个波段要在 940 nm 附近,共有 6 种组合方案(见表 2.2)。

表 2.2　波段组合方案

序号	1	2	3	4	5	6
组合方式	$\dfrac{\rho_{18}^*}{\rho_{19}^*}$	$\dfrac{\rho_{18}^*}{\rho_2^*}$	$\dfrac{\rho_{19}^*}{\rho_2^*}$	$\dfrac{\rho_{18}^*}{(\rho_2^*+\rho_5^*)/2}$	$\dfrac{\rho_{19}^*}{(\rho_2^*+\rho_5^*)/2}$	$\dfrac{\rho_{18}^*}{(\rho_{17}^*+\rho_{19}^*)/2}$

6 种方案的拟合结果见表2.3和图2.1。

表 2.3　六种波段比与水汽含量(mm)关系曲线的拟合结果

	陆地大气模式	
	中纬度冬季	中纬度夏季
方案 1	$y=0.654+65.384\exp(-(x+0.130)/0.236)$ $R^2=0.998$	同左
方案 2	$y=0.155+13.852\exp(-(x+0.007)/0.182)$ $R^2=0.993$	同左
方案 3	$y=0.084+51.123\exp(-(x+0.051)/0.195)$ $R^2=0.997$	同左
方案 4	$y=0.148+13.838\exp(-(x+0.007)/0.158)$ $R^2=0.995$	同左
方案 5	$y=0.006+56.223\exp(-(x+0.035)/0.158)$ $R^2=0.996$	同左
方案 6	$y=(3.266E-7)x^{3.998}$ $R^2=0.989$	$y=(3.267E-7)x^{3.998}$ $R^2=0.989$

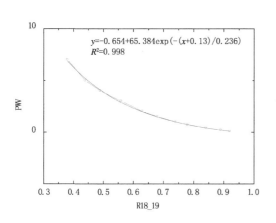

（a）

Data: Data1_PWV
Model: ExpDecay1
Equation: y = y0 + A1*exp(-(x-x0)/t1)
Weighting:
y　　　No weighting

Chi^2/DoF　= 0.01144
R^2　　= 0.99842

y0　　−0.65385　　?.15832
x0　　−0.13003　　?-
A1　　65.38463　　?-
t1　　0.23608　　?.01305

（b）

Data: Data1_PWV
Model: ExpDecay1
Equation: y = y0 + A1*exp(-(x-x0)/t1)
Weighting:
y　　　No weighting

Chi^2/DoF　= 0.05148
R^2　　= 0.99288

y0　　0.15507　　?.15492
x0　　−0.00695　　?66431.03633
A1　　13.85163　　?0302705.51633
t1　　0.18177　　?.01621

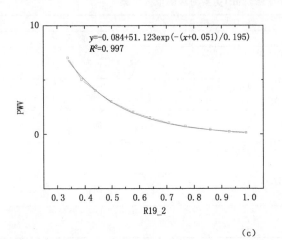

$$y=-0.084+51.123\exp(-(x+0.051)/0.195)$$
$$R^2=0.997$$

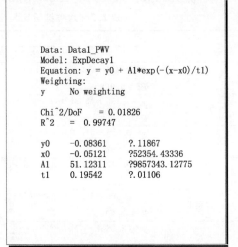

Data: Data1_PWV
Model: ExpDecay1
Equation: y = y0 + A1*exp(-(x-x0)/t1)
Weighting:
y　　No weighting

Chi^2/DoF　　= 0.01826
R^2　=　0.99747

y0	-0.08361	?.11867
x0	-0.05121	?52354.43336
A1	51.12311	?9857343.12775
t1	0.19542	?.01106

（c）

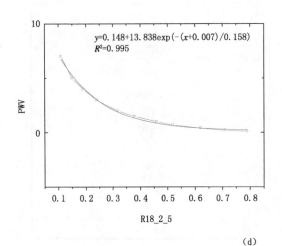

$$y=0.148+13.838\exp(-(x+0.007)/0.158)$$
$$R^2=0.995$$

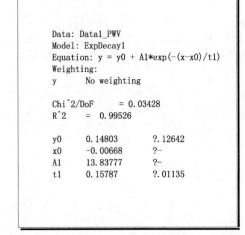

Data: Data1_PWV
Model: ExpDecay1
Equation: y = y0 + A1*exp(-(x-x0)/t1)
Weighting:
y　　No weighting

Chi^2/DoF　　= 0.03428
R^2　=　0.99526

y0	0.14803	?.12642
x0	-0.00668	?-
A1	13.83777	?-
t1	0.15787	?.01135

（d）

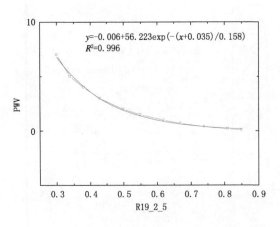

$$y=-0.006+56.223\exp(-(x+0.035)/0.158)$$
$$R^2=0.996$$

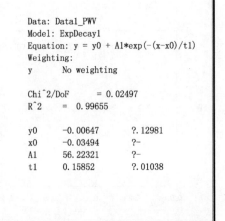

Data: Data1_PWV
Model: ExpDecay1
Equation: y = y0 + A1*exp(-(x-x0)/t1)
Weighting:
y　　No weighting

Chi^2/DoF　　= 0.02497
R^2　=　0.99655

y0	-0.00647	?.12981
x0	-0.03494	?-
A1	56.22321	?-
t1	0.15852	?.01038

（e）

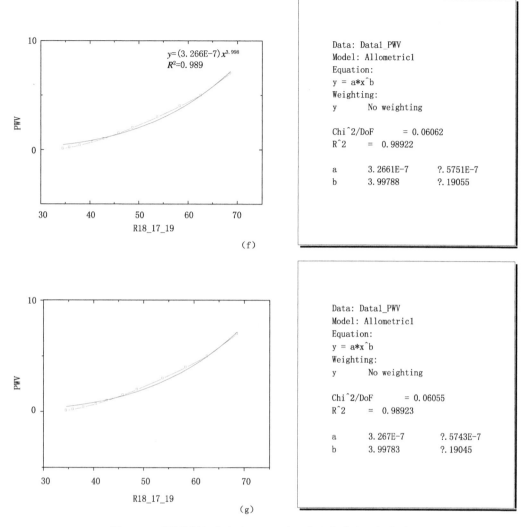

图 2.1　不同波段组合方案 PWV 随比值变化曲线及拟合效果

2.1.2.4　二波段比值法的敏感性分析

　　根据模拟结果,本节采用效果最好的 MODIS 18 和 19 波段进行 MODIS 水汽反演试验。

　　表 2.4 中给出了大气模式为中纬度夏季、气溶胶模式为乡村(能见度 23 km)时两个波段的透过率之比与大气水汽含量对应的情况。为了进一步明确 MODIS 第 18、19 波段表观反射率之比(用 $R_{18,19}$ 表示)与大气水汽含量之间的关系。从表中可以看出,PWV 大于 7 cm 时,$R_{18,19}$ 对水汽含量的变化不再敏感,因此,用 MODIS 第 18、19 波段表观反射率之比反演大气水汽含量适用于 PWV 小于 7 cm 的情况(或 $R_{18,19}$ 大于 0.3755)。考虑到中纬度地区晴空条件下 PWV 很少超过 4 cm,因此,本方法适用于晴空条件。

表 2.4　不同大气水汽含量条件下 MODIS 第 18、19 波段透过率之比

PWV (cm)	0.1	0.2	0.4	0.7	1.0	1.5	2.0	3.0	4.0	5.0	7.0	10.0	15.0
T_{18}/T_{19}	0.922	0.885	0.835	0.782	0.740	0.686	0.634	0.556	0.493	0.440	0.375	0.375	0.375

将表 2.3 中方案 1 的模拟结果用 e 指数形式的函数进行拟合,得到 PWV 和 $R_{18,19}$ 之间的函数关系

$$PWV = 65.384 \cdot e^{-(4.237 \cdot R_{18,19} + 0.551)} - 0.654 \quad (R_{18,19} > 0.3755) \tag{2.11}$$

拟合结果与模拟结果比较见图 2.2。

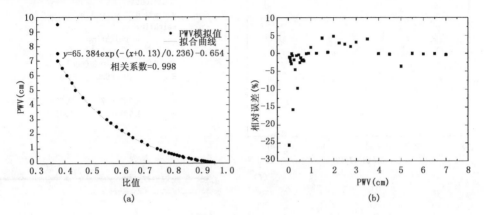

图 2.2　(a)MODTRAN 模拟结果和拟合曲线,(b)拟合曲线相对误差

将拟合结果与模拟结果进行比较,相对误差在 $-25\% \sim 4\%$,其中相对误差绝对值大于 10% 的 PWV 都在 0.5 cm 以下,见图 2.2(b),因此,绝对误差不超过 1 cm,上述拟合公式可以满足反演的要求。

需要指出的是,在模拟过程中发现,使用 MODTRAN 自带的中纬度夏季与中纬度冬季两种大气模式在模拟水汽透过率时没有表现出显著差异,因此,本节的反演水汽的方法同样适用于中纬度冬季的情形。

2.1.3　二波段比值法在贵州的应用

2.1.3.1　试验区概况

以贵州省为试验区,范围为东经 $103°36' \sim 109°35'$,北纬 $24°37' \sim 29°13'$,东西长 595 km,南北相距 509 km,总面积 176167 km²。该地区属亚热带湿润季风气候区,受季风影响降水多集中在 7、8 月。境内各地阴天日数一般超过 150 天,常年相对湿度在 70% 以上。选择 2005 年 2 月 24 日、2005 年 10 月 10 日两幅 Terra-MODIS 影像反演 PWV,卫星过境时刻为北京时间上午 11:30—11:40,;试验期间全省境内很少云层覆盖。

2.1.3.2　资料来源

MODIS 数据来源于贵州省山地环境气候研究所的 EOS/MODIS 资料接收处理系统,选择 2005 年 2 月 24 日、10 月 10 日两幅 Terra-MODIS 影像反演 PWV,卫星过境时刻为上午 11:30—11:40,试验期间贵州省境内很少云层覆盖。对比试验使用 TERRA 卫星的 MODIS 水汽数据,由 EOS 数据网站(edcimswww. cr. usgs. gov)提供,包括 HDF 格式的月合成数据 MOD08_M3。所有 MODIS 数据分辨率为 1 km×1 km。

大气水汽高空探测数据(2000—2005 年)、地面水汽压数据(2002—2005 年)逐时次资料来源于贵州省境内的 49 个气象观测站点,其中 2 个高空探测站、47 个地面观测站,通过计算高空探测站和地面观测站的观测指标,计算得到相应时段的大气水汽含量实际数值。

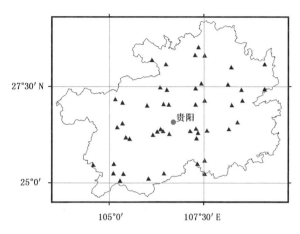

图 2.3　试验区范围及气象观测站点分布

2.1.3.3　MODIS 图像云检测

在有云情况下,卫星红外探测器测到的是云顶及以上大气发射的辐射,基本上不包括云中及其他的大气及地表的辐射(薄卷云例外),因此,利用红外分裂窗反演大气可降水的方法只适合在晴空条件下使用。云检测是实现大气可降水反演的第一步。云检测结果对大气可降水反演结果有重要的影响。如果云检测过于严格,将会把一部分晴空像元认为是云,这样会丢掉许多有用的信息;反之如果云检测不够严格,将会把一些云像元或被云污染的像元作为晴空像素,这些像元会严重影响反演的精度。

在可见光波段,较厚的云体反射太阳辐射的能力很强,有较高的反照率;而云的温度一般低于地表,在红外窗波段,云有较地表低的亮温值。因此,简单的可见光和红外窗区的阈值就可以提供相当不错的云检测方法。然而许多情况下,如下垫面为冰雪,云为薄卷云,夜间出现低的云层或小的积云时,云和下垫面的辐射相似,难以用简单的可见光和红外光谱方法区别云和下垫面。

目前对 MODIS 数据的多光谱云检测,一般根据不同的下垫面(一般陆地、海洋、雪/冰、沙漠和高原)和不同种类的云 (高、中、低云和直展云)采用不同的检测算法(刘玉洁 等,2001)。本次对 MODIS 资料的云检测,采用的是多光谱云检测算法(李微 等,2005)),借鉴了植被指数的定义来检测出在不同下垫面上空的云。该算法选择通道 1($0.66\ \mu m$)、通道 6($1.64\ \mu m$)和通道 26($1.38\ \mu m$)三个波段数据进行云检测。归一化处理用来消除大气辐射及仪器的影响,以便更好地突出云的信息,得到最佳云的检测影像。基本运算如下:

$$\text{Value} = (\text{CH}[1]-\text{CH}[6])/(\text{CH}[1]+\text{CH}[6]) \tag{2.12}$$

式中,$\text{CH}[n]$ 为通道 n 影像上目标的反射率值。云检测判据如下:

If ($\text{CH}[26]>T1$)

该像元为云覆盖;

else if ($T2<\text{Value}<T3\ \&\ \text{CH}[1]>T4$)

该像元为云覆盖;

else 该像元未由云覆盖。

依据不同地物在三个波段范围内的光谱特性(即反射率的差异),式中 $T1=0.1$,为冰云与雪区分的阈值,$T2=0$ 为植被、裸露地表(包括沙漠)和云区分的阈值,$T3=0.4$,用于区分云与雪,$T4=0.2$,可将水体去除。

2.1.3.4　大气实际水汽计算

利用贵阳、威宁 2000—2004 年的逐日资料,进行统计分析。结果表明,大气水汽与地表主要观测要素温度、露点温度、水汽压等的关系较为密切。以大气水汽实际值为因变量,以地表温度、露点温度、水汽压等及其组合为自变量,利用最优子集回归技术建立回归算式。其中建模样本为总样本的 80%,检验样本为总样本的 20%。考虑到模型的简易性和精确性,本节选择最简单的线性模型:

$$PWV=A+Bed \tag{2.13}$$

式中,PWV 代表大气水汽量;ed 是测站水汽压(hPa)。

结果见表 2.5。

表 2.5　大气水汽的模拟结果(拟合样本:2904,检验样本:726)

地点	绝对误差(mm)		相关系数	F 检验值	拟合值	检验值
	A	B				
贵阳	1.1503	2.9487	0.9473	2.5396e+004	4.4670	5.3374
威宁	−1.2924	1.8535	0.9097	1.3434e+004	2.8025	3.0723

其他站大气可降水量根据站点的海拔高度,利用两个探空站的实际资料进行推算,如下:

$$PWV = \begin{cases} PWV1 & h<h_1 \\ PWV1 \times \dfrac{h-h_1}{h_2-h_1} + PWV2 \times \dfrac{h_2-h}{h_2-h_1} & h_1<h<h_2 \\ PWV2 & h>h_2 \end{cases} \tag{2.14}$$

式中 PWV1、PWV2 分别为利用贵阳、威宁模型的系数计算的大气水汽量,h_1、h_2 分别为贵阳、威宁的海拔高度。威宁的海拔高度为全省之最。

2.1.3.5　试验结果及精度评估

在完成影像几何纠正的基础上根据图像元数据由 DN 值计算表观反射率,再应用两波段表观反射率的比值反演大气 PWV。

将反演结果与 EOS 数据网站发布的同期 MODIS 水汽反演结果进行比较,同时使用 49 个站点的同期水汽观测值或计算值(上午 12:00),对反演结果进行验证。

图 2.4 是两次试验中 MODIS 水汽反演的结果。在 2005 年 2 月 24 日,试验区两波段比值法反演的全区 PWV 在 1.38 cm 到 3.41 cm 之间,EOS 发布的 PWV 结果在 0.7 cm 到 2.18 cm 之间。对比图 2.4a 和图 2.4b,两种 PWV 的分布趋势基本一致:以桐梓、黔西、安龙为界,东南部 PWV 值明显高于西北部。在 2005 年 10 月 10 日,试验区两波段比值法反演的全区 PWV 在 1.7 cm 到 4.6 cm 之间,EOS 发布的 PWV 结果在 1.6 cm 到 4.3 cm 之间,如图 2.4c 和图 2.4d,两种 PWV 结果的分布趋势也基本一致:沿道真、湄潭、都匀一线,西部 PWV 结果要高于东部。

将两个时期 MODIS 反演结果与同期水汽数据进行对比(图 2.5),2005 年 2 月 24 日 49 个站点的水汽在 1.8 cm 到 3.2 cm 之间,两波段比值法的结果普遍稍高,而 EOS 公布的结果明

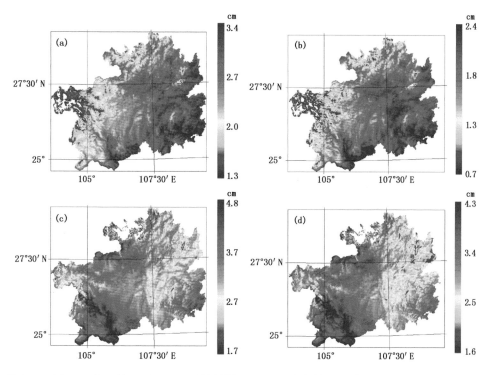

图 2.4　(a)2005 年 2 月 24 日 PWV 反演结果；(b)EOS 发布的 2005 年 2 月 24 日 PWV 图像；
(c)2005 年 10 月 10 日 PWV 反演结果；(d)EOS 发布的 2005 年 10 月 10 日 PWV 图像

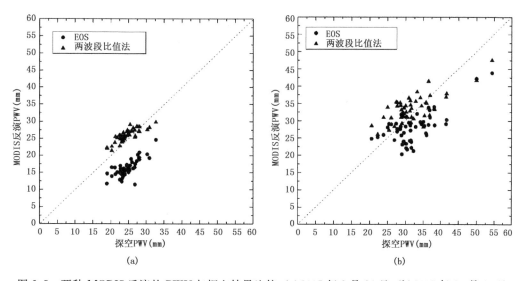

图 2.5　两种 MODIS 反演的 PWV 与探空结果比较：(a)2005 年 2 月 24 日；(b)2005 年 10 月 10 日

显偏低，但两波段比值法与高空探测结果的相关系数达到 0.75，说明能够正确反映水汽分布的趋势。2005 年 10 月 10 日 49 个站点的 PWV 从 2.0 cm 到 5.4 cm，从图可见两波段比值法的大部分结果依然稍高于探空结果，而 EOS 的结果低于探空结果。从误差分析的结果（表 2.6）来看，尽管两种 MODIS 反演结果与探空结果有一定差值，但是两波段比值法的结果明显好于 EOS 的结果。另外，此次试验中 EOS 发布的结果在部分探空站点没有达到文献

(Gao 等,1998)中相对误差±13%的精度。导致上述误差可能有以下几种原因：

(1)探空时刻与卫星过境时间不一致(相差 25 min),MODIS 水汽产品分辨率像元尺度是 1 km,而气象站实测的水汽是针对单点的。

(2)由于目前的反演方法大都忽略多次散射,在公式(2.2)中大气程辐射 $L_{Path}(\lambda)$ 中少考虑了一部分能量,但卫星测值对应的能量实际包含了这一部分。这也许是造成比值法反演值低于探空值的原因之一。

表 2.6　两种 MODIS 反演 PWV 的误差评定

		绝对误差(cm)		相对误差(cm)		相关系数
		最小值	最大值	最小值	最大值	
2005.2.24	两波段比值法	0.02	0.42	1%	16%	0.83
	EOS 产品	0.37	1.08	22%	87%	0.75
2005.10.10	两波段比值法	0.02	0.88	1%	28%	0.72
	EOS 产品	0.01	1.24	0%	52%	0.68

图 2.4 中根据近红外水汽吸收波段与窗口波段比值反演 PWV 的结果往往小于作为真值的探空结果,这可能是因为图像中存在卷云的缘故。但是通过两个近红外水汽吸收波段的比值反演 PWV 的结果中不存在这种现象,说明两波段比值方法可能对卷云不敏感。此外,模式计算大气透过率时也会引起误差,如在计算过程中气溶胶模式使用的是辐射模式自带的某种气溶胶模式,可能与当时的情况不符;在公式推导和具体实现过程中都做了一定的假设,这些都是引起反演误差的原因。

2.1.3.6　MODIS 数据反演大气水汽含量流程

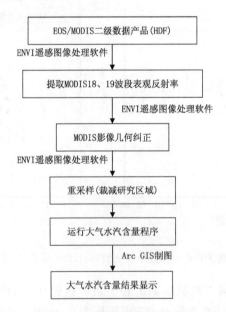

图 2.6　MODIS_L1B 数据反演大气水汽含量流程图

(1)遥感数据预处理

对 MODIS1B 数据(MOD021KM),利用 ENVI 对影像采用 Geographic Lat/Lon 投影方

式,datum 为 WGS-84,同时进行了蝴蝶效应(bow-tie)校正,仅对表观反射率(reflectance)的第 18、19 波段进行几何纠正。然后运用 Resize 对影像进行重采样得到贵州区域的影像数据 (TERRA_20070505_D.img)。

(2)大气水汽含量程序运行

首先判断 $a=$ band18/band19,如果 $a>0.3755$,那么:

$$x = -(4.237a + 0.551)$$
$$y = 65.384e^x + 0.654 \tag{2.15}$$

式中,band18、band19 分别为 MODIS 中 18、19 波段的表观反射率;x 为大气水汽含量值的指数;y 为大气水汽含量值。

运行 MODIS 数据反演大气水汽含量计算程序 AtomVapor.exe(图 2.7),得到大气水汽的分布影像图(TERRA_20070505_D_AtomVapor.img)。

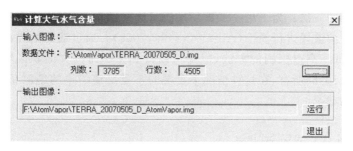

图 2.7　MODIS 数据反演大气水汽含量计算程序界面

(3)产品输出

运用 ArcGIS 进行图形显示、等级划分、制图(图 2.8)。

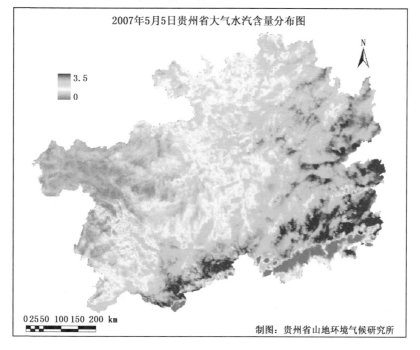

图 2.8　利用 ArcGIS 对大气水汽含量影像图形显示

2.1.3.7　小结

根据 MODIS 卫星第 18、19 波段的波段特征,首先从理论上证明从这两个波段表观反射率的比值反演大气可降水量的可行性,其次,利用 MODTRAN 模型按照中纬度冬季和夏季两种大气模式对该比值与大气水汽的关系进行模拟,并建立了反演大气可降水量的公式。通过贵州地区高空探测数据对反演公式进行验证,并与 EOS 发布的 MODIS 近红外水汽反演结果进行比较,发现该公式的反演结果更接近实际探测的结果。由于在反演过程中不必考虑地表覆盖和反射率的差异,摆脱了传统的根据查找表反演水汽的方式,并且直接由 18、19 波段表观反射率的比值计算大气可降水量,相对于传统算法更易于业务化运行。另外,本算法从晴空条件出发进行推导,在多云条件下精度显著降低;反演公式的适用条件是大气可降水量小于7 cm。

当然为了用遥感的方法反演厚云覆盖条件下的大气水汽含量,还需要运用红外波段的观测资料或微波遥感的方法。为了进一步提高反演算法的精度,可以采用具有更高光谱分辨率的模式数据库对反演波段进行模拟(Albert et aol. ,2004)。通过遥感的方法反演大气水汽含量,尽管反演精度低于高空探测的方法,但是可以得到某一时刻大面积区域内水汽分布的情况。正如 Tahl 等(1998)所言,在这种情况下重要的不是反演结果的绝对精度,而是水汽在研究区内相对分布的状况。

2.2　云液态水反演与试验

2.2.1　MODIS 数据反演云液态水方法

关于云液态水(Cloud liquid water)含量的反演,一直是许多学者热衷的研究课题,因云液态水含量不是常规的观测数据,目前多采用微波辐射计探测、飞机探测和卫星探测等方法,相比之下,飞机探测和微波辐射计探测的精确度更高,但是存在效率低、数据连续性差、耗费高等缺点,而卫星探测更经济高效。如何设计高精确度的遥感反演方法,一直是学者们研究的热点。

云液态水具有一定的光学特性,其与云层的透射率、云顶有效放射率、云光学厚度、有效粒子半径等都有一定的联系,人们尝试过利用云层透射率和云顶有效反射率反演云液态水,也尝试过利用云光学厚度单独反演云水含量和云光学厚度与有效粒子半径相结合来反演云液态水含量的方法。

目前,云液态水含量的反演还没有公认的计算方法,大多数学者都是根据云液态水的定义式和一些涉及云液态水的关系式,进行推导和相关性检验,从而得到与当地区域环境相适应的计算式,比如 Twomey(1989)提出的对数关系式,指出在 $0.3 \sim 0.750~\mu m$ 的波长范围,云光学厚度与云液态水含量存在如下关系:

$$\lg(\tau_c) = 0.2633 + 1.7095\ln[\lg(W)] \tag{2.16}$$

式中,W 为云液态水含量;τ_c 为云光学厚度。此公式虽然会对较薄的云层计算出过高的云液态水含量值,有明显的误差,但也反映了云液态水含量和云光学性质之间存在着一定的对应关系。

我国学者张杰(2006)通过建立能见度 V 和云光学厚度 τ 的关系,得到了计算云液态水含量的经验式(r_e 为云粒子有效半径)：

$$V = \frac{2.6r_e}{4525.4\tau(-1.0971)}$$ (2.17)

并通过此公式,成功反演了祁连山地区的云液态水含量。

　　如上,许多学者的研究都表明云液态水含量和云的光学性质有着密切的联系,并且与云的光学厚度和有效粒子半径有着正相关关系。

　　在云微物理性质中,云光学厚度和有效粒子半径是十分重要的参量,它们是云光学性质的主要体现。其中,云光学厚度(Cloud Optical Thickness)的定义(Hust,1980)是:入射光穿过云体时,由于水吸收造成的衰减的积分:

$$\tau_c = \int_0^z k_{ex}\,\mathrm{d}z = \int_0^z \int_0^\infty n(r)Q_{ex}\pi r^2\,\mathrm{d}r\mathrm{d}z$$ (2.18)

式中,τ_c 为云光学厚度;k_{ex} 是体积消光系数;$n(r)$ 是半径为 r 的单位体积粒子浓度,Q_{ex} 为米氏有效消光因子。可见,云水含量越高,所造成的衰减越大,所计算的云光学厚度也越大。

　　有效粒子半径(Effective Particle Radius)的定义是:根据垂直云柱对入射光的消减和散射程度,所推算的相对应具有这种消减能力的粒子所具有的半径值。这是一个相对值,反映的是云整体的光学特性,并不是具体的粒子大小的体现,其定义式为粒子大小分布的三次方积分与二次方积分的比率(Hansen and Travis,1974),表示为:

$$r_e = \frac{\int_0^\infty r^3 n(r)\,\mathrm{d}r}{\int_0^\infty r^2 n(r)\,\mathrm{d}r}$$ (2.19)

　　云液态水是指以液态水滴的形态存在于云层中的水分;云液态水含量有两种表述,一是云中垂直积分的液水含量指单位面积上垂直云柱中液态水的含量,以"g/m²"为单位;二是一定高度剖面上云中液态水含量,以"g/m³"为单位。在此,我们选用第一个定义,即云中垂直积分液态水含量的定义来求取单位面积上的云液态水含量,单位"g/m²",定义式(ρ_w 是水密度)为:

$$w = \int_0^z \int_0^\infty n(r)\,\frac{4}{3}\pi r^3 \rho_w\,\mathrm{d}r\mathrm{d}z$$ (2.20)

假设(2.18)式中的 Q_{ex} 为一个定值,这样可以将(2.20)式和(2.18)式相比

$$\frac{w}{\tau_c} = \frac{\int_0^z \int_0^\infty n(r)\,\frac{4}{3}\pi r^3 \rho_w\,\mathrm{d}r\mathrm{d}z}{\int_0^z \int_0^\infty n(r)Q_{ex}\pi r^2\,\mathrm{d}r\mathrm{d}z} = \frac{\frac{4}{3}\pi\rho_w \int_0^z \int_0^\infty n(r)r^3\,\mathrm{d}r\mathrm{d}z}{Q_{ex}\pi \int_0^z \int_0^\infty n(r)r^2\,\mathrm{d}r\mathrm{d}z}$$ (2.21)

因为我们要计算垂直云柱的云液态水含量,所用的云光学厚度也是整层云柱的光学性质,所以,有效粒子半径可以平均到整层云柱,这样,就可以再次设定 r_e 不随高度变化,那么(2.21)式可以进一步简化为

$$\frac{w}{\tau_c} = \frac{\int_0^z \int_0^\infty n(r)\,\frac{4}{3}\pi r^3 \rho_w\,\mathrm{d}r\mathrm{d}z}{\int_0^z \int_0^\infty n(r)Q_{ex}\pi r^2\,\mathrm{d}r\mathrm{d}z} = \frac{4\pi\rho_w}{3Q_{ex}\pi}r_e$$ (2.22)

因为 Q_{ex} 在可见光波段具有趋向定值的性质,当云粒子尺度增大到一定数值之后,Q_{ex} 就趋近于2,这样,我们可以将 Q_{ex} 设定为系数 α,但是,由于 Q_{ex} 本身是云光学厚度 τ_c 的变量之一,将其假

设成定值,不仅会影响的系数 α 大小,还使得 τ_c 受到影响,所以在这种假设下,τ_c 需要加以权重,这里我们采用最简单的一种权重方法,增加修正指数,以使其达到预定的要求,设 τ_c 的指数为 β,则有

$$W = \alpha r_e \tau_c^{\beta} \tag{2.23}$$

　　到此,我们得到了利用云光学厚度和有效粒子半径求取云液态水含量的方法,关于两个系数 α、β 确定,可以通过将 MODIS 云光学厚度、有效粒子半径数据与实际数据进行拟合,得到适合研究区域实际的系数值,导出具有地域适用性的计算公式。

　　通过将 MODIS 数据云光学厚度、有效粒子半径和实际观测数据进行拟合,发现 $\alpha=0.56$、$\beta=1.0825$ 时,关系式的拟合效果最好,这样,即确立了计算贵州省云液态水含量的函数关系式:

$$W = 0.56 r_e \tau_c^{1.0825} \tag{2.24}$$

式中,W 为云液态水含量,r_e 为有效粒子半径,τ_c 为云光学厚度。

2.2.2　云液态水反演试验与结果

2.2.2.1　MOD06_L2 数据

　　EOS 网站发布的产品中,MOD06_L2 和 MYD06_L2 分别是利用 TERRA 卫星和 AQUA 卫星上搭载的 MODIS 获得的数据,计算得到的云产品(Cloud Product)项目,此产品中包括云顶性质(温度、高度、辐射)、云相态、云量和云光学性质(云光学厚度、云粒子有效半径)。MOD06_L2 产品中,云光学厚度和云粒子有效半径的计算过程大致分为三步,①对 MOD02_L1B 数据进行反射率数据提取;②进行大气校正;③基于反射函数方程,利用 Nakajima 等渐进理论进行插值,确定 r_e 和 τ_c。

　　试验选取了 2009 年 6 月 29 日 08 时 40 分(世界时)的 MOD06_L2 产品,分辨率为 1 km×1 km,分别提取了其中的云光学厚度和有效粒子半径,如图 2.9 所示,其数值范围分别是 $\tau_c \in (0.0, 60.0)$、$r_e \in (5.0, 40.0)$。

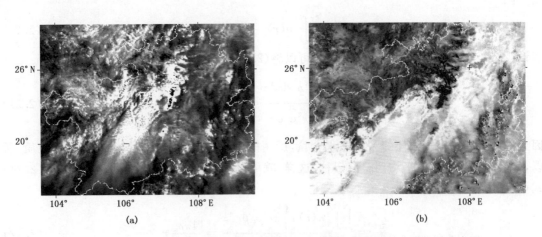

图 2.9　2009 年 6 月 29 日 08 时 40 分(世界时)贵州省及其周边云光学性质分布图
(a)为云光学厚度,(b)为有效粒子半径

2.2.2.2 试验结果分析

利用上述技术方法和 2009 年 6 月 29 日 08 时 40 分（世界时）的 MODIS 数据进行云液态水含量反演,结果见图 2.10。

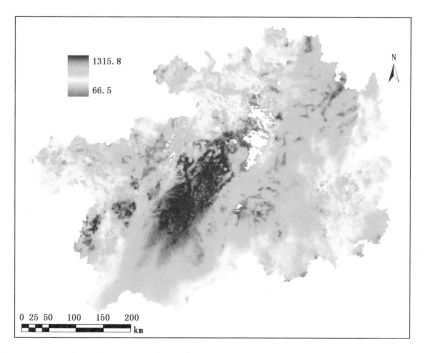

图 2.10 2009 年 6 月 29 日 08 时 40 分（世界时）贵州省云液态水含量反演结果(g/m²)

从图 2.10 可见,全省云液态水含量在 66.5～1315.8 g/m²,液态水含量较高区域分布在西南—东北走向的狭长带上。与同期 NCEP 云水数据（图 2.11,分辨率为 110 km 左右）进行比较,MODIS 云水反演数据（分辨率为 1 km）在量级和分布趋势上较为一致。

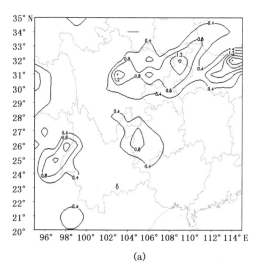
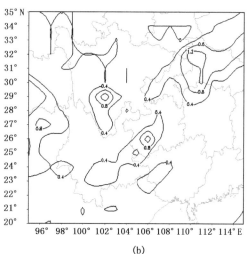

(a)   (b)

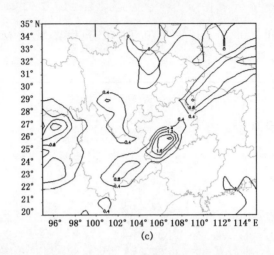

图 2.11　2009 年 6 月 29 日 06 时、12 时、18 时(世界时)NCEP 云液态水含量分布图(kg/m²)

(a)为 2009 年 6 月 29 日 06 时,(b)为 2009 年 6 月 29 日 12 时,(c)为 2009 年 6 月 29 日 18 时

值得一提的是 2009 年 6 月 29 日 08 时—2009 年 6 月 30 日 08 时降雨量分布(图 2.12)与同期云水含量的分布有很好的一致性。

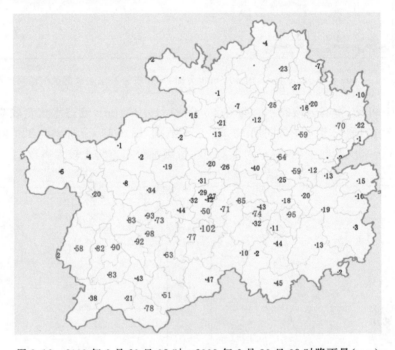

图 2.12　2009 年 6 月 29 日 08 时—2009 年 6 月 30 日 08 时降雨量(mm)

使用(2.24)式进行云液态水含量的反演,其误差的产生可能源于以下几个方面:①公式本身系数的不确定性,由于此公式是通过数理推导产生的,且在推理过程中,有两个动态参数变静态参数的假设条件,其对反演结果的影响不可忽视;另外,式中两个系数的获得是通过对比实测值和反演值反算出的,是一个经验数值,还需要有大量的数据进行验证和完善。②反演数

据和实际观测数据的不同时性,由于卫星过境时间的不可控性,使得卫星数据和实际数据之间存在或多或少的时间差,这种时间上非同步常常会使反演值与实测值有很大的差异。

鉴于此,可以通过以下途径对计算公式和反演方法进行改善,完善其准确性。①增加反演值和实测值的对比规模,加入更多的观测数据和遥感数据,使两个系数的取值更精确;②采用多源卫星数据,弥补卫星过境时间上的限制,增加遥感反演的时间段,如现在的风云卫星也推出了和 MODIS 相似的二级云检测产品,且风云卫星为定轨卫星,可以提供更多的可用时间。

2.2.2.3　云液态水反演流程

MOD06_L2 数据反演云液态水含量流程如下(见图 2.13):

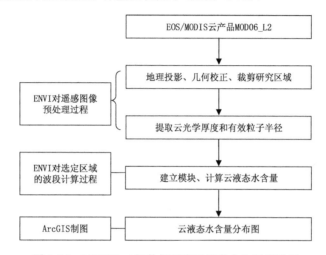

图 2.13　MODIS 二级数据反演云液态水含量流程图

(1)波段选取和图像预处理

在 MODIS L2 数据(MOD06_L2)中,采用地理经纬度进行投影和几何纠正,之后通过矢量图层选取功能,裁剪出只包含贵州省的研究区域,选取云光学厚度和有效粒子半径。

(2)云液态水含量的程序运算

在预处理结束后,运行 ENVI 中的波段运算程序(Band Math),编辑推导出的(2.24)式,通过数理验证,运行计算程序,得到云液态水含量分布影像图。

(3)产品输出

运用 ArcGIS 进行图形显示、等级划分、制图。

2.3　暴雨云卫星数据及同化试验

暴雨在我国常见、多发和影响地区广泛,是最主要的灾害影响系统之一,其常常诱发洪水、积涝、滑坡、崩塌、泥石流等灾害,暴雨常发生在中尺度天气系统中,中尺度暴雨突发性强,预报时效短,容易造成重大自然灾害,因此,如何提高暴雨预报准确率一直是气象工作的主题。

降水预报,尤其是造成灾害性天气的强降水预报,是中尺度数值预报的薄弱环节。降水预报对初始湿度场非常敏感,由于湿度场时空变化很大,常规观测因站点稀疏,难以有效揭示湿度场分布的细微结构,使初始湿度场分析过于平滑,不能满足中尺度模式预报的要求。一般的模式在积分初始时段都会有中尺度降水的 spin-up 问题（即当初始时刻已经发生降水，而模式降水要在积分数小时之后才发生）。其原因可归结为没有适当的初始散度场、湿度场和热力场间的配合，由于用于客观分析的常规观测资料密度不够，使湿度场的分析往往过于平滑，从而导致了辐散场、非绝热加热和湿度场之间的初始场缺少一致性所造成的。为恢复实际湿度场原有的中尺度特征，引入非常规资料进行湿度场分析成为一条重要途径。过去 40 年以来，随着卫星遥感技术和其他非常规观测技术的发展和成熟，为我们提供了大量非实时非完全准连续的观测资料。与其他非常规资料相比，卫星观测资料具有明显的优点：一是水平分辨率高，观测面积广阔，二是大量的资料来自于同一观测仪短时间的测量，因而使得测量误差易于掌握。如何充分利用这些资料，从中尽可能多的提取有意义的信息，改善数值模式的初始场，是当前数值天气预报研究中的一个热点问题。

2.3.1 暴雨云卫星数据中尺度模式 MM5 同化试验

2.3.1.1 云图参数反演

（1）温度反演

卫星红外遥感云图反映云顶亮温、高度，对气象参数的反演一般常用间接反演法实现，即依据卫星辐射测值（如亮温温度）与气象参数（如气温）间的高度相关性，用统计回归法求解出气象参数的分布。

我国长期以来一直使用日本 GMS 卫星资料，对其红外、可见光资料的反演，一般情况下，可从日本气象卫星中心提供的灰度—亮温对照表和灰度—反照率对照表等，对任一灰度查找出对应的亮温值或反照率等。

使用国产 FY-2 卫星资料进行云顶温度、高度的反演，可以利用 FY-2 卫星与 GMS-5 卫星的高度统计相关性实现。

表 2.7 列出了 FY-2 与 GMS-5 的基本特性。

表 2.7 FY-2 和 GMS-5 红外通道的基本特性

	FY-2 红外通道	GMS-5 红外通道 A
通道光谱宽度	$10.5 \sim 12.5 \ \mu m$	$10.5 \sim 11.5 \ \mu m$
空间分辨率	5.25 km	5 km
圆盘图扫描周期	30 min	30 min
量化等级	8 bit	8 bit
星下点经度	105°	140°

谷松岩、邱红等通过辐射传输模拟计算和匹配数据统计分析实现了两者遥感资料的融合应用，得出：

两颗星通道辐射率 R 之间的关系：

$$R_{FY2} = 1.02818 \, R_{GMS} + 4.019337 \qquad (2.25)$$

R_{FY2}、R_{GMS} 之间的相关系数为 99.96％。

两颗星计数值 I 之间的关系：

$$I_{GMS} = 0.88489 \, I_{FY2} - 23.2674 \qquad (2.26)$$

I_{GMS}、I_{FY2} 之间的相关系数为 98.6％。

实际上,通过 PLANK 公式:

$$T_{BB} = \frac{c_2 \gamma}{\ln\left(\dfrac{c_1 \gamma^3}{R} + 1\right)} \tag{2.27}$$

式中,c_1,c_2 为常数;T_{BB} 代表亮温;R 代表辐射率;ν=红外通道中心波数($\nu=\lambda/c$,c 是电磁波传播速度)。

可以推出,对于相同 R 对应的 FY-2 亮温 T_{BBFy} 与 GMS-5 亮温 T_{BBGMS} 之间的关系:

$$e^{\frac{11c_3}{T_{BB\,GMS}}} = (11e^{\frac{11.5c_3}{T_{BB\,FY}}} + 0.5)/11.5 \tag{2.28}$$

式中,$c_3 = c_2/c$。

由上面三个关系式,可以对 GMS-5 卫星红外灰度—亮温对照表、灰度—高度对照表进行重新构建,得到 FY-2 卫星红外灰度—亮温对照表、灰度—高度对照表,用于 FY-2 卫星红外资料中云顶亮温、云高的反演。

模式计算中需要多层温度场资料,由于同一时间常规观测资料与 FY-2 卫星红外云图资料是采用不同手段对大气这一共同的客体进行观测得到的,它们之间必然存在内在联系。本节通过对同一时刻常规观测资料与 FY-2 卫星红外云图资料进行统计分析,利用常规资料各层客观分析场与 FY-2 卫星红外云图灰度场之间的对应关系建立统计回归方程 $y = a_0 + a_1 x$,可以反演得到各层温度场。其中 a_0 和 a_1 为回归系数(注意:不同层 a_0 和 a_1 不同),x 表示云图灰度,y 表示反演的各层温度。

(2)湿度反演

目前降水预报,特别是造成灾害的强降水预报,是中尺度数值预报的难点问题。而湿度场分析质量的好坏直接影响数值天气预报中降水预报的准确性。可以说,提高湿度场的质量是提高降水预报关键之一。

降水预报对初始湿度场非常敏感。由于湿度场时空变化很大,而常规气象资料因观测站点稀疏,难以准确反映实际湿度场分布的细致结构,无法很好地满足中尺度预报模式的要求。

一般的数值预报模式在积分初始时段,都会有中尺度降水的 spin-up 问题,其原因就在于初始散度场、湿度场和热力场间的协调不好。由于客观分析所使用的常规观测资料密度太低,使湿度场的分析过于平滑,无法反映真实分布,从而导致了初始辐散场、非绝热加热场和湿度场之间协调性较差,强迫数值预报模式在运行最初的阶段进行动力、热力平衡调整,即模式内部的要素"磨合",从而造成在这段时间内模式降水预报效果不够理想。

为刻画实际湿度场原有的中尺度特征,引入卫星反演资料进行湿度场分析是一条重要途径。

数值天气预报计算过程中,需要不同层次的湿度资料。

一般情况下大气中 300 hPa(约 9 km)以上的湿度非常小。季国良等的研究表明:青藏高原及其邻近地区水汽分布主要在低层,400 hPa 以下集中了全部水汽含量的 80% 以上,400 hPa 以上则水汽含量极微。高晓清指出,中国西北区域的最大水汽输送在 600～700 hPa,个别站的最大水汽输送甚至靠近地面。所以研究分析大气层低层的水汽具有非常重要的意义。

考虑到低层大气的温度及湿度场对降水的作用较大,闵锦忠提出用 500 hPa、700 hPa 和 850 hPa 湿度场分别与 GMS-5 卫星红外云图灰度场通过线性回归法建立的对应关系式:$y = b_0 + b_1 x$ 反演得到各层湿度场。其中 b_0 和 b_1 为回归系数(注意:不同层 b_0 和 b_1 不同),x 表示云图灰度，y 表示反演的各层湿度。

综合考虑以上研究结论，本节利用同一时刻常规资料客观分析场与 FY-2 卫星红外云图灰度场之间的对应关系建立统计方程对 400 hPa、500 hPa、700 hPa 和 850 hPa 四层湿度场进行反演。

2.3.1.2　资料同化

目前绝大多数常规测站布点于人口密集地区，而海洋、高原等广大区域测站稀少，常规测站的空间分布很不均匀；而现代气象卫星、雷达等遥感技术的应用又为我们提供了大量的在时空分辨率较高的非常规资料信息，通过资料同化技术可以充分利用这些有效信息，为数值预报模式提供一个动力和热力上协调的最优初始场，进一步提高数值预报准确率。

所谓资料同化，是指将两种性质不同的资料进行一致性分析，使它们互相协调一致。常用的资料同化方法有：

（1）动力学方法

牛顿张弛逼近（Nudging）是其中的代表。所谓逼近（Nudging）就是一种连续性的动力同化方法，它通过对模式控制方程的强迫使模式值逐步逼近观测值。这种修正过程中每一时间步长模式都保持各要素场之间的平衡。研究表明，这种逼近技术可以用来同化任何时空分布的与模式变量相对应的资料。

（2）统计学方法

包括最优插值法 OI（Optimum Interpolation method）、卡尔曼滤波（Kalman Filtering）法。

最优插值方法是基于要素场本身统计结构的一种客观分析方法，通过回归产生的初始场是在大量分析的基础上，使平均平方误差最小而得出的观测资料的线性组合。我国国家气象中心、美国国家气象中心（NMC）、欧洲中期天气预报中心（ECMWF）都曾采用过这种方法作业务预报。

卡尔曼滤波是另外一种用于气象资料同化的统计学方法，在 1960 年由数学家 R. E. Kalman 提出。20 世纪 60 年代中期，Jones 首次将卡尔曼滤波引入气象学，60 年代末到 70 年代初，Epstein 提出的"随机动态预报"、Petersen 提出的"最优顺序分析"进一步将卡尔曼滤波应用于气象学领域，之后，纽约大学科朗（Courant）研究所的一个研究小组（Ghil 等）开始致力于在气象数据同化中运用卡尔曼滤波的研究并取得了一定成果，他们的工作促进了卡尔曼滤波在气象学领域的发展推广与流行。

（3）变分方法

变分法就是求解泛函极值问题。其基本原理就是使满足一组约束条件的分析场的泛函在最小二乘法的意义上达到最小。

变分分析方法最早由 Sasaki 引入客观分析中来。这种方法可以在给定的（由一个或者多个大气运动方程构成的动力约束）条件下，使分析场与观测值差别最小而得到较优的初始场。

变分同化方法分为三维变分同化方法、四维变分同化方法两种。四维变分的优点是由于使用了模式方程进行约束使得同化结果中各物理量之间更协调，但是它的缺点是计算量大，往往不能满足业务的需要。因此，国内外依然在进行三维变分同化技术的研究，而且在业务中由于计算资源的原因更多的是采用三维变分同化方法。

本研究对 FY-2 卫星反演资料同化采用三维变分同化方法。

常规观测资料虽然分辨率不高，但观测值本身精确度较高；而卫星观测资料的特点则与其相反,尽管其时空分辨率较高,而且空间点之间的强弱变化关系也较为精确,但它的值存在着观测误差和系统性误差。因此,可利用这种特性寻找一分析场 Q,使它的值接近常规场的值 Q_R,梯度接近非常规场 Q_s 的梯度,于是构建 Q 的泛函:

$$I(Q(x,y)) = \int_x \int_y [\alpha(Q-Q_R)^2 + r_x(\nabla_x Q - \nabla_x Q_s)^2 + r_y(\nabla_y Q - \nabla_y Q_s)^2] \mathrm{d}x \mathrm{d}y \quad (2.29)$$

其中 α, r_x, r_y 均为大于 0 的权重系数。根据不动边界泛函极值化为欧拉方程的方法,可得 (2.29)式的欧拉方程为:

$$\alpha(Q-Q_R) - r_x(\nabla_x^2 Q - \nabla_x^2 Q_s) - r_y(\nabla_y^2 Q - \nabla_y^2 Q_s) = 0 \quad (2.30)$$

假定所考虑的场各向同性,即 $r_x = r_y = r$,则(2.30)式可简化为:

$$\alpha(Q-Q_R) - r(\nabla^2 Q - \nabla^2 Q_s) = 0 \quad (2.31)$$

取 $b = \dfrac{\alpha}{r} > 0$, $\nabla^2 Q_s - \dfrac{\alpha}{r} Q_R = \sigma(x,y)$,则(2.31)式可变为:

$$\nabla^2 Q - bQ = \sigma \quad (2.32)$$

上式即为赫姆霍兹方程。

求解上述赫姆霍兹方程(2.32),通常用超松弛法。其迭代公式为:

$$Q_{i,j}^{(n+1)} = (1-\omega)Q_{i,j}^{(n)} + \frac{\omega}{\alpha + 2r\left(\dfrac{m_{i,j}^2}{\Delta x^2} + \dfrac{m_{i,j}^2}{\Delta y^2}\right)} \left[\alpha Q_{Ri,j} + r\frac{m_{i,j}^2}{\Delta x^2}(Q_{i+1,j}^{(n)} + Q_{i,j+1}^{(n)} + Q_{i-1,j}^{(n+1)} \right.$$

$$\left. + Q_{i,j-1}^{(n+1)}) - r\frac{m_{i,j}^2}{\Delta x^2}(Q_{Si+1,j} + Q_{Si-1,j} + Q_{Si,j-1} + Q_{Si,j-1} - 4Q_{Si,j}) \right] \quad (2.33)$$

式中,n 为迭代次数;ω 为松弛因子;$m_{i,j}$ 为兰勃托投影地图放大系数。本节使用超松弛法进行变分同化,根据超松弛法的特点,$1 < \omega < 2$ 时,迭代收敛,本节中取 $\omega = 1.3$,收敛最快,为缩短到达平衡点的时间,迭代初值取为常规资料场,即 $Q|_{n=0} = Q_R$。取变分系数 $\alpha = 0.1, r = 10^{10}$。

2.3.1.3　质量控制

气象观测难免存在着误差,观测误差常分为随机误差、系统误差、重大误差三类。

质量控制是指在用观测资料进行客观分析或资料同化之前对资料进行检验并删去有误差的观测的过程。通常我们并不能辨认出随机误差,因此,质量控制只限于对系统误差和重大误差。

一般来说,质量控制遵循下面的原则:

(1)合理性原则。一个观测值如果与气候值或模式预报值相差很大,则可认为该观测值有重大误差。

(2)连续性原则。一个观测值如果与其周围的观测值相差很大,则可认为该观测值有重大误差,这是利用在空间的连续性;如果利用相邻时刻的观测进行比较而检验是否有重大误差,则是利用时间上的持续性。

(3)满足诊断方程的原则。对同一个时刻的不同要素的观测值可以利用是否满足诊断方程来进行检验。

在目前的质量控制中,通常只用空间连续性和合理性原则。并且在利用空间连续性原则时,只是简单地把邻近观测线性地插值或利用最优插值法(简称 OI)插值。利用 OI 法插值的好处是充分地利用了观测的统计规律和模式的预报值或气候值。

由于云图反映的是整个大气从低层到高层的总效果,它受到高山、积雪等因子的干扰,同时考虑到云图资料由于受到大气、云及仪器本身的影响,用统计反演方法算出的各等压面的温度及湿度场,会包含一些虚假的成分,另外,再加上灰度值同温度、湿度事实上存在较大的非线性,因此依据线性回归模型用灰度值反演出的温度场和湿度场存在一定误差,而这些对模式预报会带来误差。因此,须设法把有用信息分离出来,对非常规资料场进行合理的订正,实现云图资料质量控制。质量控制工作好坏将直接影响到云图资料反演的效果。

基于空间连续性和合理性原则,本节设计了如下质量控制方案:

第一级质量控制:像元点灰度筛选

由于卫星在观测和信号传输的过程中可能受到干扰,使卫星云图具有"噪声",因此,在使用卫星云图资料前,需要对"噪声"剔除。

卫星在观测和信号传输的过程中可能受到的干扰大多为孤立"点"状"噪声",且干扰一般为随机产生,因此,可将卫星云图"噪声"认为是白噪声。采用平均法进行云图"噪声"处理,即:

$$Gray(I,J) = \begin{cases} \dfrac{1}{N} \cdot \sum_{m=1}^{3} \sum_{n=1}^{3} Gray(I-2+m, J-2+n) & \text{当 } |\tilde{G}| > G_0 \\ Gray(I,J) & |\tilde{G}| < G_0 \end{cases} \quad (2.34)$$

其中,$\tilde{G} = Gray(I,J) - \dfrac{1}{N} \cdot \sum_{m=1}^{3} \sum_{n=1}^{3} Gray(I-2+m, J-2+n)$,$N$ 为平均的点数,G_0 为阈值。试验中,$N = 9$,$G_0 = 40$。经过以上处理后,基本消除了云图中的"噪声"干扰。

第二级质量控制:灰度反演值订正

灰度反演温、湿度场后,用同时段常规分析场的来对反演场进行订正,经过这样订正后得到的反演场基本形势与常规分析场一致。该质量控制方案框图见图 2.14:

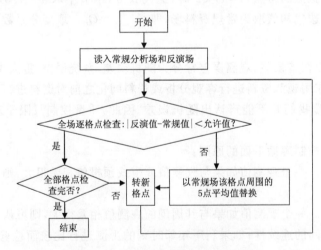

图 2.14 反演值质量控制方案流程图

以客观分析后的常规资料场的格点值作为标准,逐格点检查云图资料反演场的可靠性,具体做法是:用云图资料反演场格点值与常规资料对应格点值加以对比和判别,剔除差异大于一定标准者,而以常规资料场该格点的 5 点平均值代替。判别标准的选取应考虑既能保留云图资料反演资料场中的中小尺度信息,又能剔除一些不合理的奇异点。判别标准对各要素是不同的,温度可以在 5 ℃以内,本研究取 1.5 ℃;根据黎光清等的研究,相对湿度可以在 20%~

30%,本研究取其标准为 25%。

本研究中同化工作的思路:直接用灰度值表示的 FY-2 卫星红外云图资料与常规温度及湿度场进行同化是不行的,须建立灰度场与温度场或湿度场之间的关系式,再利用该关系式由灰度值计算温度值或湿度值。具体的做法是:把经过面积平均的卫星云图灰度值资料与相应时刻的常规探空湿、温场进行相关性统计分析;而后利用所得到的关系式,用灰度值计算出格点上的温度值和湿度值,并对该层资料进行质量控制,去掉一些不合理的奇异点,得到了相应层的卫星反演的温度、湿度资料,为了使求出的非常规资料和常规资料协调一致,采用变分法把上述两种资料进行同化处理,最后得到相对两个场均协调一致的同化后的分析场,再根据需要送入模式进行试验效果检验。

2.3.1.4　对比试验

(1)资料和方法

把风云 2 号卫星资料用在 MM5 中尺度模式中进行同化试验研究,需具备地形和地表植被资料、格点气象资料、地面和探空观测资料、风云 2 号卫星资料。

地形、地面植被资料(PSU/NCAR 提供)由 TERRAIN 模块引入,将其由经、纬度格点插值到模式网格点上,我国大部分地区地处中纬度,因此,网格的投影方式选兰勃脱投影。本研究地形高度和地表参数取 $0.5° \times 0.5°$ 分辨率资料。

本研究采用国家气象中心全球谱模式 T213 分析/预报场 $1° \times 1°$ 格点分辨率的地面、1000 hPa、850 hPa、700 hPa、500 hPa、400 hPa、300 hPa、250 hPa、200 hPa、150 hPa、100 hPa、70 hPa、50 hPa、30 hPa、10 hPa 等压面上的风、温度、相对湿度、位势高度等格点气象资料,通过 DATAGRID 模块将这些资料构成模式预报所需的初始背景场。

风云 2 号卫星资料是与 T213 资料初始场同时刻的红外数字云图资料,经过统计反演,质量控制,并通过超松弛迭代法将初始时刻反演场与初始时刻客观分析场进行变分同化,在 RAWINS 模块中对模式初始场进行调整,进入前处理、MM5 主模式、后处理输出同化试验模拟预报结果。

(2)试验方案设计

试验时模式的主要物理过程和参数方案设置如下:

初始资料:T213 资料+探空资料+地面资料+风云 2 号卫星反演资料。

动力学过程:流体非静力平衡方案

边界条件:选用 Blackadar 行星边界层方案

大气辐射方案:简单冷却方案

显式水汽方案:简单冰相方案

积云参数化方案:Grell 方案

侧边界条件:时变流入/流出边界条件

模式地形和下垫面分类:用 $30' \times 30'$ PSU/NCAR 全球地形高度资料和地表分类资料,通过客观分析方法得到格点地形和下垫面分类特征。

为了验证利用 FY-2 卫星红外反演资料对模式初始场调整后对 MM5 中尺度数值预报模式预报的影响,本研究设计了未利用 FY-2 卫星红外反演资料调整模式初始场(控制试验)和利用 FY-2 卫星红外反演资料调整模式初始场(湿度增强订正+温度同化试验、湿度增强订正试验、湿度同化+温度同化试验)四种方案进行对比研究。

表 2.8　试验方案分组表

	初值形成方式	试验命名
方案 1	利用 T213 资料、常规资料客观分析	控制试验
方案 2	对初始阶段客观分析湿度场增湿并对 FY-2 反演温度场与客观分析场变分同化后同时调整模式湿度、温度初始场	湿度增强订正＋温度同化试验
方案 3	对初始阶段客观分析湿度场增湿后调整模式湿度初始场	湿度增强订正试验
方案 4	对 FY-2 反演温、湿度场与客观分析场变分同化后同时调整模式温度、湿度初始场	湿度同化＋温度同化试验

本研究方案 2、方案 4 中"温度同化"是指先利用红外云图对低层 850 hPa,700 hPa,500 hPa,400 hPa 四层进行统计回归温度反演,然后将之与客观分析温度场变分同化,得到同化过后的新的初始温度场。

本研究方案 2、方案 3 中对常规客观分析湿度场进行"湿度增强订正",主要基于高分辨卫星云区相对湿度比较高的原因,因此,要满足一定的条件,即利用红外云图反演云顶亮温判断对超过一定高度(云顶亮温低于一定指标以下)的云区 850 hPa 以上每层相对湿度增加 5%,并保证相对湿度最大不超过 100%,得到调整过后的新的初始湿度场。

本研究方案 4 中"湿度同化"是指先利用红外云图对低层 850 hPa,700 hPa,500 hPa,400 hPa 四层进行统计回归湿度反演,然后将之与客观分析湿度场变分同化,得到同化过后的新的初始湿度场。

(3)T_s 评分法简介

为客观定量研究 MM5 控制试验、FY-2 卫星红外资料反演同化试验的对比情况,引入预报业务中用于检验降水定量预报质量的 T_s 评分法来评价对比试验的效果。

$$T_s = T/(T + K + L) \qquad (2.35)$$

式中,T 表示降水预报正确的测站数;K 表示空报的测站数;L 表示漏报的测站数。

其中正确和空漏报的规定如下:

正确:预报某站达到规定降水量,该站实况也达到规定降水量。

空报:预报某站达到规定降水量,而该站实况未达到规定降水量。

漏报:某站实况达到规定降水量,而预报该站未达到规定降水量。

由于天气预报常规业务中降水量预报 T_s 评分中预报与实况皆使用的是站点雨量资料;而 MM5 预报的输出结果为格点雨量资料,要利用 T_s 评分评定 MM5 预报的质量,需要将实况站点雨量资料客观分析到 MM5 预报区域内的格点上形成格点分析雨量后才能与 MM5 预报的格点雨量进行比较,区分出预报准确、空报、漏报的格点数,然后计算出 MM5 预报 T_s 评分值。

将站点实况雨量资料插值到格点的算法采用 Cressman 分析法。

2.3.1.5　实例分析

为更好说明不同试验方案的预报效果对比情况,下面结合实况选取两次较大范围、较大强度的降水过程分别按不同降水等级针对 6 小时、24 小时降水预报进行 T_s 评分对比。

(1)实例 1

选取的个例为 2003 年 7 月 9 日 08 时—10 日 08 时的一次降水过程,分别进行控制试验、湿度增强订正＋温度同化试验、湿度增强订正试验和湿度＋温度同化试验,对比四种试验方案

的 T_s 评分得分情况。试验中采用的非常规资料为 2003 年 7 月 9 日 07 时 30 分 BST(8 日 23 时 30 分 UTC)的 FY-2 卫星红外数字化云图资料(见图 2.15)。

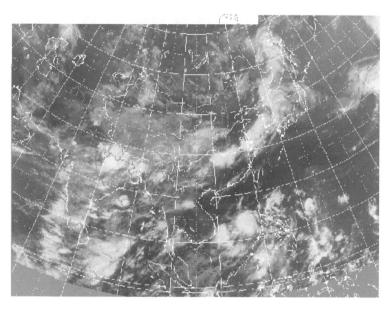

图 2.15　2003 年 7 月 9 日 07 时 30 分卫星云图

试验时模式基本参数:模式水平区域中心取为(115°E,30°N),水平格点数取为 61×61,格距 $D = 39.3$ km。模式顶气压 $Pt = 100$ hPa,垂直分辨率设计为不等距的 11 层,半 σ 层面从下至上值分别为 0.95、0.85、0.75、0.65、0.55、0.45、0.35、0.25、0.15、0.05。模式积分 24 小时,积分时间步长 $\Delta t = 120$ s。

试验方案选用 2.3.1.4 节中方案 1、方案 2、方案 3、方案 4。

① 降水实况简述

2003 年 7 月 9 日 08 时—10 日 08 时 24 小时全国 402 个地面气象站中有 50 个站降中雨,15 个站降大雨,15 个站降暴雨,7 个站降大暴雨,降水主要集中在华中、华东地区。降暴雨的站分别为湖北荆州(58.9 mm)、湖北天门(58.2 mm)、湖北武汉(75.8 mm)、安徽寿县(71.3 mm)、安徽蚌埠(55.6 mm)、安徽桐城(85.1 mm)、安徽合肥(67.5 mm)、江苏南京(54.2 mm)、湖南常德(55.6 mm)、贵州黔西(67.2 mm)、重庆酉阳(71.4 mm)、广西防城(58.3 mm)、广西钦州(52.1 mm)、河南固始(79.2 mm)、黑龙江安达(75.7 mm);降大暴雨的站为湖南桑植(200.5 mm)、湖南石门(163.1 mm)、湖南吉首(101.5 mm)、安徽六安(103.5 mm)、安徽霍山(113.5 mm)、湖北麻城(138 mm)、贵州思南(133.7 mm)。

② 6 小时降水对比

图 2.16、图 2.17、图 2.18、图 2.19 和图 2.20 分别显示了 7 月 9 日 08 时至 14 时 6 小时降水实况、控制试验(方案 1)模式预报 6 小时降水分布、湿度增强订正＋温度同化试验(方案 2)模式预报 6 小时降水分布、湿度增强订正试验(方案 3)模式预报 6 小时降水分布和湿度同化＋温度同化试验(方案 4)模式预报 6 小时降水分布。

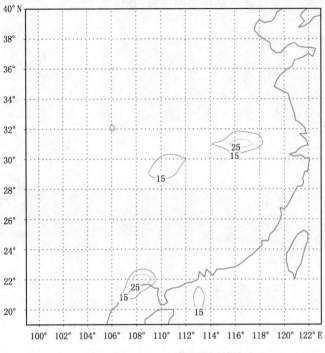

图 2.16　7 月 9 日 08 时—14 时 6 小时降水实况(mm)

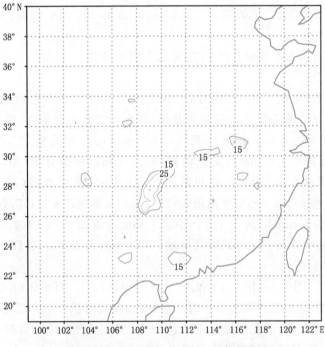

图 2.17　控制试验(方案 1)预报 6 小时降水(mm)

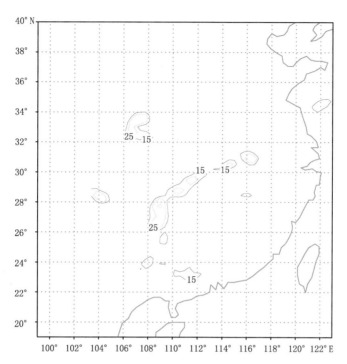

图 2.18　湿度增强订正＋温度同化试验(方案 2)预报 6 小时降水(mm)

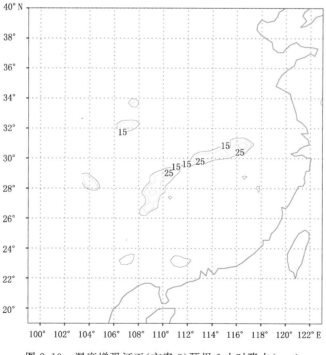

图 2.19　湿度增强订正(方案 3)预报 6 小时降水(mm)

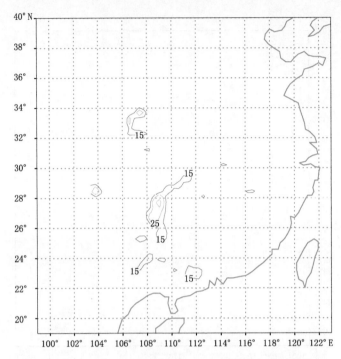

图 2.20　湿度同化＋温度同化(方案 4)预报 6 小时降水(mm)

对比以上五幅图可以定性看出,在降水趋势的预报上,四种方案皆与实况接近,都反映出模式预报范围内出现明显的区域大雨,实况中确实有 6 个站出现大雨以上降水;另外,对比五幅图还可看出,在(116°~118°E,30°~32°N)范围内,方案 2、方案 3、方案 4 反映出的较强降水中心与实况比较接近,其中方案 3 比实况偏强,而方案 4 基本上没有反映该区域的降水;在(108°~112°E,26°~30°N)范围内,四种方案皆比实况偏强,有一定的误差;此外,实况中在较低纬度(108°E,22°N)附近发生在广西沿海的较强降水四种方案皆没能反映出来。

本例中 MM5 预报格点雨量场的区域是在以(115°E,30°N)为中心,水平格点数为 60×60,格距 D 为 39.3 km 的范围内。由于考虑到模式边界处存在误差,因此,通常统计计算 T_S 评分时常去掉模式边界附近的格点,本研究计算 T_S 评分的区域取在以(115°E,30°N)为中心,水平格点数为 52×52,格距 D 为 39.3 km 的范围内。

对照实况,方案 1、方案 2、方案 3、方案 4 的 6 小时预报降水在降水量级、落区预报准确率的高低可以通过表 2.9 中列出的不同降水等级的 6 小时预报 T_S 评分情况进行定量客观评价。

表 2.9　6 小时预报 T_S 评分

降水等级	方案 1	方案 2	方案 3	方案 4
0.1 mm~10 mm	0.2719	0.2780	0.2777	0.2714
10 mm~25 mm	0.0568	0.0537	0.069	0.0391
25 mm~50 mm	0	0.0182	0.0196	0

备注:(方案 1:控制试验、方案 2:湿度增强订正＋温度同化试验、方案 3:湿度增强订正试验、方案 4:湿度同化＋温度同化试验)

从表 2.9 可以看出:

对小雨(0.1 mm≤雨量<10 mm)预报,T_S 评分从高到低排序为方案 2、方案 3、方案 1、方案 4,但四种方案差异不是很大。

对中雨(10 mm≤雨量<25 mm)预报,T_S 评分从高到低排序为方案 3、方案 1、方案 2、方案 4,表明控制试验在本例中效果尚可。

对大雨(25 mm≤雨量<50 mm)预报,方案 1、方案 4 的 T_S 评分为 0,方案 2、方案 3 的 T_S 评分递增,说明本例中方案 2、方案 3 在大雨的落区预报还算可以。

图 2.21 直观显示了四种方案的 6 小时降水预报 T_S 评分差异情况。

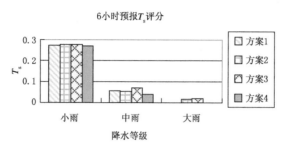

图 2.21 四种方案不同降水等级的 6 小时预报 T_S 评分柱状图

从图 2.21 可以看出:本例中 6 小时中雨、大雨预报,方案 3 最好,方案 2 次好。

③ 24 小时降水对比

图 2.22、图 2.23、图 2.24、图 2.25 和图 2.26 分别显示了 7 月 9 日 08 时至 10 日 08 时 24 小时降水实况、控制试验(方案 1)模式预报 24 小时降水分布、湿度增强订正＋温度同化试验(方案 2)模式预报 24 小时降水分布、湿度增强订正试验(方案 3)模式预报 24 小时降水分布和湿度同化＋温度同化试验(方案 4)模式预报 24 小时降水分布。

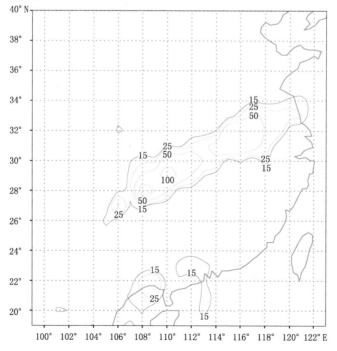

图 2.22 7 月 9 日 08 时—10 日 08 时 24 小时降水实况(mm)

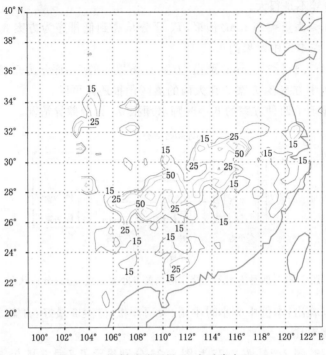

图 2.23　控制试验预报 24 小时降水(mm)

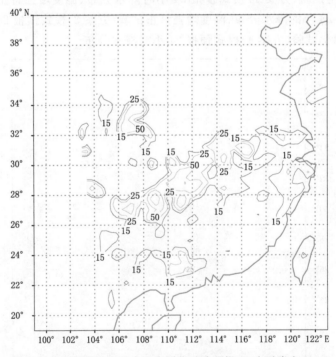

图 2.24　湿度增强订正＋温度同化试验预报 24 小时降水(mm)

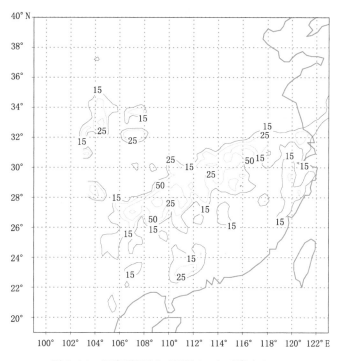

图 2.25　湿度增强订正预报 24 小时降水(mm)

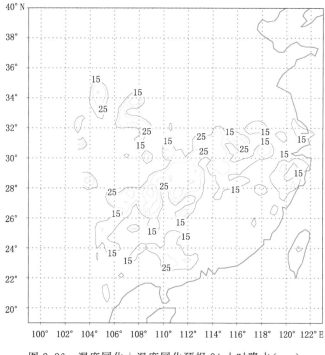

图 2.26　湿度同化＋温度同化预报 24 小时降水(mm)

　　对比上面五幅图可以大致看出,四种方案在降水趋势上皆反映出模式预报范围内出现大暴雨,实况中确实有 7 个站出现大暴雨以上降水;另外,对比五幅图还可看出,在 24°～32°N 范围内的主要雨区大雨以上量级的雨带形状特征上,方案 3 与实况比较接近,方案 2 次之,方案 1、方案 4 与实况皆有差距;在(108°～110°E,28°～30°N)范围内,实况中有两个大暴雨区域,方案 3 大致反映出来,但位置偏西偏南一些,而方案 1、方案 2、方案 4 仅反映出一个。此外,在 (116°～118°E,30°～32°N)范围内方案 1、方案 3 反映出一个大暴雨中心,比实况降水偏强,存在一定误差。

类似地,对照实况,方案 1、方案 2、方案 3、方案 4 的 24 小时预报降水在降水量级、落区预报准确率的高低可以通过表 2.10 中列出的不同降水等级的 24 小时预报 T_S 评分情况进行定量客观评价。

表 2.10　24 小时预报 T_S 评分

降水等级	方案 1	方案 2	方案 3	方案 4
0.1 mm～10 mm	0.2306	0.2671	0.2517	0.2563
10 mm～25 mm	0.1065	0.1236	0.1091	0.1122
25 mm～50 mm	0.0796	0.0996	0.0966	0.0780
50 mm～100 mm	0.1079	0.1277	0.1163	0.0576
≥100 mm	0	0.04	0	0

备注:(方案 1:控制试验、方案 2:湿度增强订正＋温度同化试验、方案 3:湿度增强订正试验、方案 4:湿度同化＋温度同化试验)

从表 2.10 可以看出:

对小雨(0.1 mm≤雨量<10 mm)预报,T_S 评分从高到低排序为方案 2、方案 4、方案 3、方案 1,表明利用 FY-2 资料调整模式初始场后,改善了小雨的预报能力。

对中雨(10 mm≤雨量<25 mm)预报,T_S 评分方案 2、方案 4 较好,方案 3 次之,方案 1 较低,表明利用 FY-2 资料调整模式初始场后,同样改善了中雨的预报能力。

对大雨(25 mm≤雨量<50 mm)预报,T_S 评分方案 2 较高,随后为方案 3、方案 1,方案 4 略有下降。

对暴雨(50 mm≤雨量<100 mm)预报(实况中有 15 个站暴雨),T_S 评分从高到低排序为方案 2、方案 3、方案 1、方案 4。

上述大雨、暴雨 T_S 评分表明包含湿度增强订正的方案调整模式初始场后,有利于改善强降水的预报能力。

对大暴雨(100 mm≤雨量)预报,方案 2 的 T_S 评分为 0.04,其余三种方案的 T_S 评分皆为 0,表明"湿度增强订正＋温度同化"的组合方案,可以一定程度上提高大暴雨的准确率。另外对照前面定性分析,其余三种方案的 T_S 评分情况说明,尽管它们在降水趋势的预报上虽与实况接近(即量级预报有大暴雨),但大暴雨的落区预报欠准,这也从侧面反映预报小概率事件发生地点的难度较大。

图 2.27 直观显示了四种方案的 24 小时降水预报 T_S 评分差异情况。

从图 2.27 可以看出:本例中 24 小时大雨、暴雨预报,方案 2 最好,方案 3 次好。24 小时大暴雨预报,方案 2 具有一定的预报准确率。

(2)实例 2

选取的个例为 2003 年 6 月 25 日 08 时—26 日 08 时的一次降水过程,分别进行控制试验、

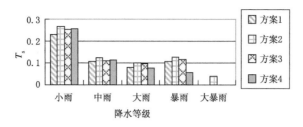

图 2.27　四种方案不同降水等级的 24 小时预报 T_s 评分柱状图

湿度增强订正＋温度同化试验、湿度增强订正试验,对比三种试验方案的 T_s 评分得分情况。试验中采用的非常规资料为 2003 年 6 月 25 日 07 时 30 分 BST(6 月 24 日 23 时 30 分 UTC)的 FY-2 卫星红外数字化云图资料(见图 2.28)。

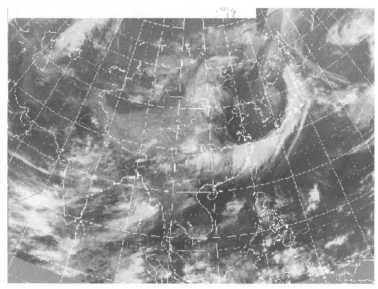

图 2.28　2003 年 6 月 25 日 07 时 30 分卫星云图

　　试验时模式基本参数:模式水平区域中心取为(115°E,30°N),水平格点数取为 61×61,格距 $D=39.3$ km。模式顶气压 $Pt=100$ hPa,垂直分辨率设计为不等距的 11 层,半 σ 层面从下至上值分别为 0.95、0.85、0.75、0.65、0.55、0.45、0.35、0.25、0.15、0.05。模式积分 24 小时,积分时间步长 $\Delta t=120$ s。

　　试验方案选用 2.3.1.4 节中方案 1、方案 2、方案 3。

① 降水实况简述

　　2003 年 6 月 25 日 08 时—26 日 08 时 24 小时全国 435 个地面气象站中有 248 个站降小雨,79 个站降中雨,23 个站降大雨,15 个站降暴雨,3 个站降大暴雨,降水主要集中在长江中上游地区。降暴雨的站分别为贵州遵义(70.1 mm)、四川昭觉(56 mm)、重庆沙坪坝(50.5 mm)、重庆涪陵(89.4 mm)、重庆奉节(55.1 mm)、湖北天门(50.1 mm)、湖北宜昌(70.3 mm)、湖北五峰(51.2 mm)、湖北黄石(52.6 mm)、湖北来凤(51.2 mm)、湖北钟祥(57.7 mm)、湖南桑植(64.6 mm)、江西景德镇(75.4 mm)、江西庐山(87.8 mm)、浙江龙泉(78.2 mm),降大暴雨的站为贵州黔西(114.1 mm)、江西波阳(118.9 mm)、江西南昌(163.4 mm)。

② 6 小时降水对比

图 2.29、图 2.30、图 2.31 和图 2.32 分别显示了 6 月 25 日 08 时至 14 时 6 小时降水实况、控制试验(方案 1)模式预报 6 小时降水分布、湿度增强订正＋温度同化试验(方案 2)模式预报 6 小时降水分布图和湿度增强订正试验(方案 3)模式预报 6 小时降水分布。

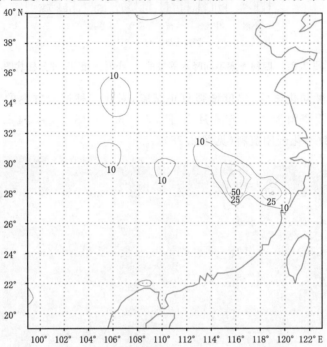

图 2.29　6 月 25 日 08 时—14 时 6 小时降水实况(mm)

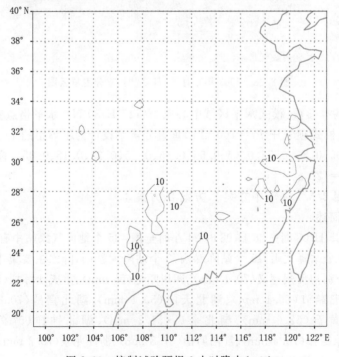

图 2.30　控制试验预报 6 小时降水(mm)

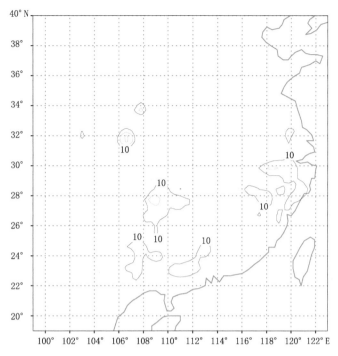

图 2.31 湿度增强订正＋温度同化试验预报 6 小时降水（mm）

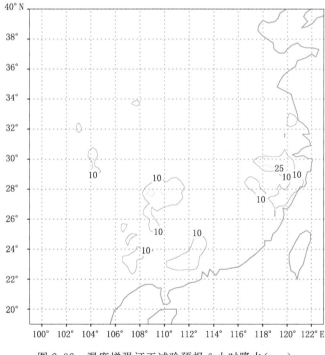

图 2.32 湿度增强订正试验预报 6 小时降水（mm）

对比以上四幅图可以定性看出，方案 2、方案 3 皆反映出模式预报范围内出现明显的区域大雨，实况中确实有 9 个站出现大雨以上降水，而方案 1 没有明显反映区域大雨；另外，对比四幅图还可看出在(118°～120°E,28°～30°N)范围内方案2、方案3反映出的大雨区域与实况比较接近,且方案3略大于方案2,与实况更接近;在(106°～108°E,32°～34°N)范围内方案2反映出的降水区域与实况相对比较接近。

仿照实例1,对照实况,方案1、方案2、方案3的6小时预报降水在降水量级、落区预报准确率的高低可以通过表2.11中列出的不同降水等级的6小时预报 T_S 评分情况进行定量客观评价。

表 2.11　6小时预报 T_S 评分

降水等级	方案1	方案2	方案3
0.1 mm～10 mm	0.2559	0.2860	0.2758
10 mm～25 mm	0.04	0.0504	0.0453
25 mm～50 mm	0	0	0

备注:(方案1:控制试验、方案2:湿度增强订正＋温度同化试验、方案3:湿度增强订正试验)

从表2.11可以看出:

对小雨(0.1 mm≤雨量<10 mm)预报, T_S 评分从高到低排序为方案2、方案3、方案1,表明利用FY-2卫星红外反演资料调整模式初始场确实可以减小模式预报初期的Spin-Up现象。

对中雨(10 mm≤雨量<25 mm)预报, T_S 评分从高到低排序为方案2、方案3、方案1。

对大雨(25 mm≤雨量<50 mm)预报(实况中有7个站6小时降水为大雨),三种方案的 T_S 评分皆为0,对照前面定性分析,说明本例中方案2、方案3在降水趋势的预报上虽与实况接近(即量级预报有大雨),但大雨的落区预报欠准。

图2.33直观显示了三种方案的6小时降水预报 T_S 评分差异情况。

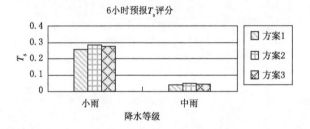

图 2.33　三种方案不同降水等级的6小时预报 T_S 评分柱状图

从图2.33可以看出:本例中6小时小雨、中雨预报,方案2最好,方案3次好。

③ 24小时降水对比

图2.34、图2.35、图2.36和图2.37分别显示了6月25日08时至26日08时24小时降水实况、控制试验(方案1)模式预报24小时降水分布、湿度增强订正＋温度同化试验(方案2)模式预报24小时降水分布和湿度增强订正试验(方案3)模式预报24小时降水分布。

对比上面四幅图可以大致看出,方案1、方案2、方案3在降水趋势上皆反映出模式预报范围内出现暴雨,实况中确实有18个站出现暴雨以上降水;另外,对比四幅图还可看出在(106°～116°E,26°～30°N)范围内方案3反映出的大雨区域与实况比较接近;在(108°E,28°N)附近,方案1、方案2、方案3反映的暴雨位置与实况较吻合,方案2、方案3反映的暴雨强度与实况更接近;特别是在(116°～120°E,28°～30°N)范围内方案2、方案3皆预报出一定区域的暴雨,与实况较接近,而方案1基本上没报出此处的暴雨。

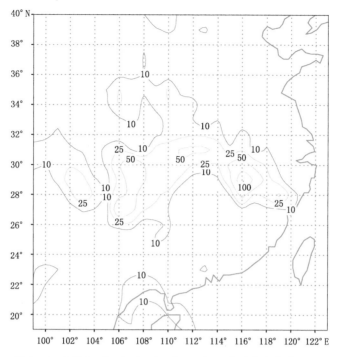

图 2.34 6 月 25 日 08 时—26 日 08 时 24 小时降水实况(mm)

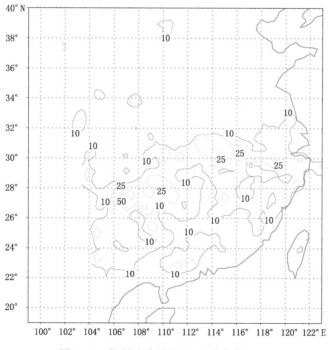

图 2.35 控制试验预报 24 小时降水(mm)

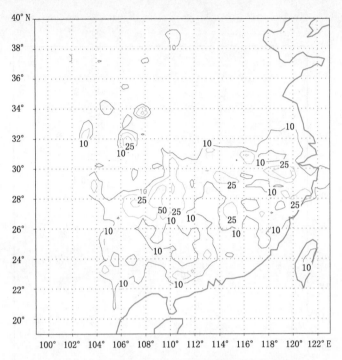

图 2.36 湿度增强订正＋温度同化试验预报 24 小时降水(mm)

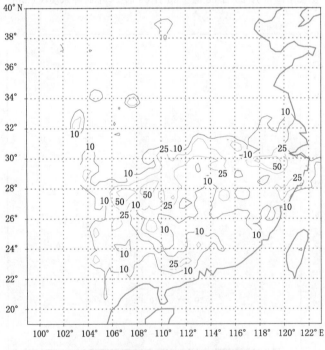

图 2.37 湿度增强订正预报 24 小时降水(mm)

对比四幅图还可看出,方案 1、方案 2、方案 3 皆没反映出实况中发生的大暴雨情况,这说明这次模式预报在降水量级上偏弱。

　　类似前面 6 小时降水分析,对照实况,方案 1、方案 2、方案 3 的 24 小时预报降水在降水量级、落区预报准确率的高低可以通过表 2.12 中列出的不同降水等级的 24 小时预报 T_S 评分情况进行定量客观评价。

表 2.12　24 小时预报 T_S 评分

降水等级	方案 1	方案 2	方案 3
0.1 mm~10 mm	0.3019	0.3249	0.3366
10 mm~25 mm	0.1045	0.1079	0.1146
25 mm~50 mm	0.1170	0.1796	0.1449
50 mm~100 mm	0.0215	0.0548	0.0471

备注:(方案 1:控制试验、方案 2:湿度增强订正+温度同化试验、方案 3:湿度增强订正试验)

　　从表 2.12 可以看出:

　　对小雨(0.1 mm≤雨量<10 mm)预报,方案 3 的 T_S 评分最高,随后为方案 2、方案 1。

　　对中雨(10 mm≤雨量<25 mm)预报,方案 1、方案 2、方案 3 的 T_S 评分递增。

　　对大雨(25 mm≤雨量<50 mm)预报,方案 2、方案 3 的 T_S 评分皆比方案 1 高,方案 2 最高。

　　对暴雨(50 mm≤雨量<100 mm)预报(实况中有 15 个站暴雨),T_S 评分从高到低排序为方案 2、方案 3、方案 1。

　　对大暴雨(100 mm≤雨量)预报(实况中有 3 个站大暴雨),三种方案的 T_S 评分皆为 0(表中未列出),都未报出大暴雨,说明这次模式预报在降水量级上偏弱。

　　图 2.38 直观显示了三种方案的 24 小时降水预报 T_S 评分差异情况。

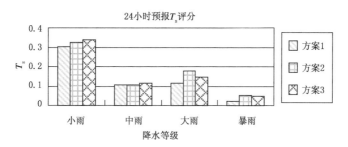

图 2.38　三种方案不同降水等级的 24 小时预报 T_S 评分柱状图

　　从图 2.38 看出对大雨以上降水等级 24 小时预报方案 2 更优一些,这反映同时进行模式初始温、湿度场调整对较强降水(大雨以上)的量级、落区预报更准一些。

　　图 2.39 给出了本研究选取的 2003 年 6 月 25 日 08 时—26 日 08 时、2003 年 7 月 9 日 08 时—10 日 08 时两次降水过程进行对比试验的 T_S 评分区域(实线框内)和模式计算区域(虚线框内)。

　　综合分析以上两实例,在整体上看:

　　6 小时降水预报,方案 2、方案 3 预报效果排序不定,但相对其他方案较好。说明 FY-2 卫星资料保留了降水的中小尺度特征,对模式初始场进行湿度增强调整后,削弱了通常中尺度预报的降水"滞后"效应,减小了模式预报初期的 Spin-Up 现象。

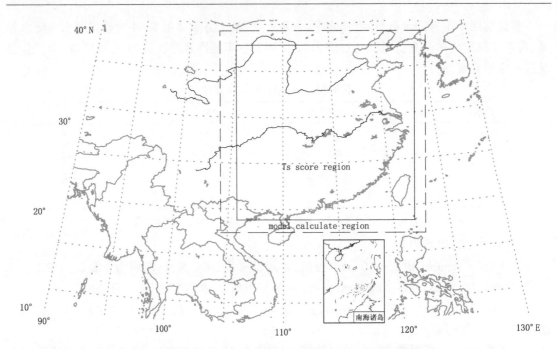

图 2.39　T_S 评分区域(实线框内)和模式计算区域(虚线框内)

24 小时降水预报,对大雨、暴雨预报,方案 2 最好、方案 3 次好,总体上皆比方案 1 要好;对大暴雨预报,方案 2 相对较好。表明"湿度增强订正＋温度同化"的组合方案调整模式初始场后,可以一定程度上提高大暴雨的准确率。

利用 FY-2 反演资料调整模式初始湿度场,可以改善较强量级降水的预报时效,特别地,利用 FY-2 反演资料对模式初始温、湿场进行湿度增强订正和温度同化后,可以一定程度上提高暴雨、大暴雨的预报准确率,是增强中尺度系统数值预报能力的一条有效途径。

2.3.1.6　小结

(1)风云 2 号卫星红外云图相对常规资料的高时空分辨率和易获得性以及反演、同化技术的发展,使得我们可以利用 FY-2 号卫星资料改善中尺度数值预报模式的初始场。

(2)通过 FY-2 卫星与 GMS-5 卫星的高度统计相关性,可以构建 FY-2 卫星红外通道灰度—亮温对照表、灰度—高度对照表,利用此查算表通过程序计算可以进行云顶亮温、云高的反演。

(3)相同时刻常规观测资料与 FY-2 卫星红外云图资料都是对相同大气参数的反映,它们之间存在必然联系,通过对相同时刻常规观测资料与 FY-2 卫星红外云图资料进行统计分析,利用常规资料各层客观分析场与 FY-2 卫星红外云图灰度场之间的对应关系建立统计回归方程 $y＝Ax＋B$,可以反演得到各层温、湿度场。其中 A 和 B 为回归系数,x 表示云图灰度,y 表示反演的各层温、湿度。

(4)像元点灰度筛选、灰度反演值订正二级质量控制方案可以基本保证反演资料的逻辑可靠性,同时也在一定程度上保证了数值预报模式的运行稳定性,可以将经过质量控制的反演资料引入中尺度数值预报模式中使用。

(5)FY-2 卫星红外反演资料变分同化使模式初始场能较好体现中小尺度系统信息,又使反演场与大尺度初始场保持动力和热力上的较好协调,有利于模式运行的稳定。

(6)根据 FY-2 卫星红外反演资料对模式初始场调整的不同方式,本研究设计了未利用 FY-2 卫星红外反演资料调整模式初始场(方案 1:控制试验)和利用 FY-2 卫星红外反演资料调整模式初始场(方案 2:湿度增强订正＋温度同化试验、方案 3:湿度增强订正试验、方案 4:湿度同化＋温度同化试验)四种方案进行对比模拟试验,分析研究不同试验方案对 MM5 中尺度数值模式预报的影响。

(7)选取 2003 年 6 月 25 日 08 时—26 日 08 时和 2003 年 7 月 9 日 08 时—10 日 08 时两次较大范围、较大强度的降水过程,利用相对客观定量的 T_s 评分法按不同降水等级针对 6 小时、24 小时降水预报分别对四种方案的模拟试验效果进行评价,结果表明:a) 6 小时降水预报,方案 2、方案 3 预报效果相对其他方案较好。说明 FY-2 卫星资料保留了降水的中小尺度特征,对模式初始场进行湿度增强调整后,削弱了通常中尺度预报的降水“滞后”效应,减小了模式预报初期的 Spin-Up 现象。b) 24 小时降水预报,对大雨、暴雨预报,方案 2 最好、方案 3 次好,总体上皆比方案 1 要好;对大暴雨预报,方案 2 相对较好。表明“湿度增强订正＋温度同化”的组合方案调整模式初始场后,可以一定程度上提高大暴雨的准确率。

(8)利用 FY-2 反演资料调整模式初始场,总的来说,能够改善降水预报效果,其中以“湿度增强订正＋温度同化的方案”效果最好。这一方面说明利用非常规资料对改善降水预报有作用,另一方面说明改善初始湿度对降水预报非常重要。

本研究针对红外资料的统计反演同化做了一些试验研究,今后可以尝试 FY-2 卫星水汽资料统计反演同化、FY-2 卫星资料直接同化以及应用四维变分资料同化技术改善中尺度数值预报方面的研究工作。

2.3.2　TRMM 卫星资料分析贵州夏季暴雨

贵州是全国暴雨多发且多灾地区,特别是位于云贵高原北部与乌蒙山脉南端的贵州西部地区,由于其地形地势比较复杂,特殊的地理位置和特殊的大气环流因素的影响使该地区形成特有的气候特征。贵州西部特有多发突发性暴雨以及持续性暴雨引发的山洪、城市内涝以及暴雨诱发泥石流、滑坡等地质灾害时常发生。然而在暴雨研究成果上,我国气象科研人员对华南和江淮地区的暴雨研究比较广泛,针对贵州的特殊地理位置暴雨研究却很少。

贵州的特殊地理位置和特有的大气系统影响形成了独特的暴雨气候特征,其暴雨发生的年际变化和地域差异都十分明显。因此,对贵州暴雨的成因及影响天气系统进行分析和研究,进而逐步完善贵州暴雨研究的理论体系。廖移山、冯新和石燕等(2011)对贵州暴雨的年变化进行了分析,指出贵州每年从四月上中旬开始,全省自东向西进入雨季,暴雨随之也相继发生。5—7 月是西南季风盛行,是暴雨发生的高峰期。7 月下旬开始东南季风逐渐建立和盛行,暴雨发生频率开始逐渐下降。8—9 月份暴雨仍时有发生,到 10 月上旬贵州雨季趋于结束,暴雨少有出现。赵大军、江玉华和李莹(2011)指出,在贵州境内有三个较集中的暴雨多发区和三个少暴雨带。第一个多暴雨区位于贵州省西南部地区,中心在普定附近。其暴雨影响区域广、频率最高,年平均暴雨日可达 96 天,乃贵州之最。

随着卫星反演技术的快速发展,TRMM 卫星资料除了在热带地区研究使用之外,正逐渐被使用在研究低纬度地区的降水特征。热带测雨卫星的升空,TRMM 的探测结果受到学术界的大力探究,其探测结果来研究不同降水类型的强度及分布、降水垂直结构特点变成可能,因为 PR(测雨雷达)能对降水类型进行有效识别。国内外学者已经开展了大量的研究,例如: Schu-mache and Houze(2006)对撒哈拉沙漠及热带东大西洋地区的两种降水类型(层云降水和对流云降水)的分布特征进行研究;傅云飞等(2003)利用 PR 探测结果对中小尺度的降水类型及结构特点进行了研究;傅云飞等(2008)利用 TRMM PR 十年探测结果揭示了亚洲地区对流降水和层云降水的季节尺度气候特征等。

近几年来,基于 TRMM 资料对于低纬地区(35°S~35°N)降水的研究取得很大的进展。杜振彩等(2011)分析了亚洲季风区积云降水和层云降水的时空分布特征,并揭示亚洲季风区积云降水和层云降水的时空分布主要受季风环流的风场垂直切变动力因子所支配。张蒙等(2016)评估 TRMM、CMORPH 等 5 种卫星反演降水资料在青藏高原地区的差异性和一致性,指出 TRMM3B42V7 资料与观测值之间的差异最小,除了冬季一段较短时间内空间相关系数较低外,一年之中大部分时段空间相关系数都在 0.5 以上。戴进等(2011)探讨了三次青藏高原雷暴弱降水的云微物理特征及该类雷暴形成的可能原因。李德俊等(2010)利用 TRMM 卫星观测资料分析宜宾两次暴雨过程的降水云团特征,指出两次降水过程均属于中尺度对流降水系统。刘奇等(2007)借助 TRMM/TMI 资料对夏季青藏高原地区的潜热水平、垂直结构的演变特征进行分析,研究指出了强降水云团的性质、热力结构和动力结构。黎伟标等(2009)使用 TRMM 观测资料研究城市群的降水影响,表明珠江三角洲所处的区域降水明显多于其他周边地区。蒋璐君等(2014)研究表明西南涡引发的强降水中,层云降水还是对流降水在 6 km 高度以下降水量的贡献最大,降水量对总降水量贡献的大小随着高度的升高而减小。傅云飞等(2007)利用 TMI 2A12 资料分析台风"云娜"降水云中水汽凝结物的空间分布特征,研究表明云冰的含量少且相对稳定,而液态水含量变化大,并认为在台风生成前和初期其中心附近大量的冰、水粒子发生相变而释放潜热产生"暖心",从而促进台风形成。

从以上研究情况来看,TRMM 卫星观测资料已经被广泛用于研究热带和副热带地区的降水变化特征,TRMM 资料在中高纬高原地区也表现出一定的适用性,贵州地处云贵高原,属暴雨多发区,特别是使用 TRMM 等卫星观测资料分析贵州降水变化特征,对此目前尚缺少应有的了解。本节将通过使用 TRMM 数据对贵州西部夏季两次暴雨进行分析,通过研究,希望能发现贵州西部暴雨的降水变化特征。

2.3.2.1　TRMM 卫星简介

热带测雨卫星(Tropical Rainfall Measuring Mission satellite,简称 TRMM),是美国国家宇航局(NASA)和日本国家空间发展局(NASDA)共同合作开展的热带降雨测量计划,目的是观测和研究热带和副热带降雨过程,更多地了解热带降雨对全球气候系统的影响。TRMM 由日本于 1997 年 11 月 28 日发射,轨道倾角 35°,高度 350 km,圆形轨道,每天环绕地球 16 圈。搭载有测雨雷达(Precipitation Radar,简称 PR)、微波成像仪(TRMM Microwave Imager,简称 TMI)、可见光/红外辐射计(Visible and Infrared Sensor,简称 VIRS)、闪电成像仪(Lightning Imaging Sensor,简称 LIS)、云和地球能量辐射系统(Cloud and Earth's Radiant Energy System,简称 CERES)。在 2001 年 8 月以后,为减少功耗将轨道高度提升到距地面 403 km,所搭载仪器的探测范围均有所增加。所搭载的 VIRS、TMI 和 PR 为 TRMM 卫星的基本降水测量仪器。

测雨雷达(PR)为一主动式的阵列雷达,具有 128 个单元,每个单元都包含了发射与接收机制。而主动式相控阵雷达的优点就是可以快速地扫瞄,并且不会产生造成卫星高度变动的扭力,有助于卫星飞行时的稳定。PR 是第一个提供暴雨结构三维图像的星载仪器,提供关于热带降水系统和全球潜热时间系列的数据和资料,主要测量降雨强度、分布、类型、暴雪深度、雪绒花等信息。此外,PR 还能提供从地面到 20 km 高度雨雪的垂直廓线。

　　微波成像仪(TMI)主要通过测量地球和大气发射的微弱的微波能量,定量计算大气中的水蒸气、云中的水分和降雨强度。TMI 改良自美国地区 DMSP(Defense Meteorological Satellite Program)卫星 SSM/I(Special Sensor Microwave/Imager Sounder),但增加了 10.7GHz 频道,并因应热带地区降雨特性,将原 22.235 GHz 频率改为 21.3 GHz,故其九个微波探测频道,所使用的是 10.7 GHz、19.4 GHz、21.3 GHz、37 GHz 与 85.5 GHz 五个微波波段,其中除了 21.3 GHz 仅有垂直线性偏振外,其余均为垂直与水平线性极化频道。图 2.40 和表 2.13 分别给出了 TRMM 卫星扫描示意图和 PR、TMI、VIRS 的扫描特征。

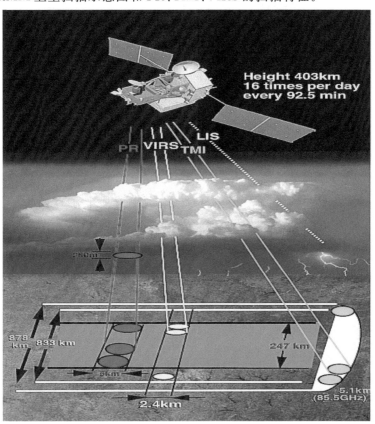

图 2.40　TRMM 搭载仪器及扫描示意图

表 2.13　TRMM 搭载 PR、TMI、VIRS 的扫描特征

	PR	TMI	VIRS
频率	13.8 GHz	10.7 GHz、19.4 GHz、21.3 GHz、37 GHz、85.5 GHz	0.63 μm、1.6 μm、10.8 μm、12 μm
分辨率	水平 5 km,垂直 250 m	11 km×8 km	2.5 km
扫描方式	与轨道垂直扫描	圆锥扫描	与轨道垂直扫描
扫描带宽	250 km	880 km	830 km

2.3.2.2　TRMM 产品资料说明

本节使用的降水资料来自于 TRMM 第七版标准产品（原第六版数据于 2008 年被替代），TRMM 数据产品的流程如图 2.41 中所示，观测仪器扫描后产生 1 级轨道产品，再由 1 级轨道产品经特定算法衍生出 2 级和 3 级产品。

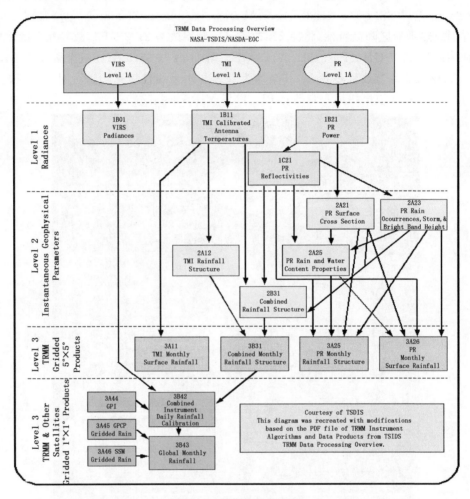

图 2.41　数据处理流程图

3B42 为格点降水数据集，3B42 算法是由 TRMM 科学小组开发的一种综合降水评估算法，它结合了 2B31，2A12、微波成像专用传感器（SSMI）、改进的微波扫描辐射计（AMSR）、高级微波探测器（AMSU）等多种高质量的降水评估算法，估测 3 小时平均降水强度。3B42 资料的覆盖范围 50°S～50°N，空间分辨率 0.25°×0.25°，时间分辨率为每天 8 个时次。

2A12（TRMM TMI 水成物廓线数据集），为轨道数据集，每天约扫过 16 条轨道，覆盖范围 38°N～38°S，扫描带宽 750 km，其水平分辨率为 6.9 km×4.6 km，垂直有 28 层。该产品提供了像元的地表瞬时降水强度、地表瞬时对流降水强度、降水区域及其水汽凝结物、潜热的三维结构信息。2A12 产品提供云水（Cloud Water）、云冰（Cloud Ice）、雪水（Snow Water）、霰（Graupel）等水汽凝结物参量。

　　2A25(TRMM PR 降雨率和廓线数据集),为轨道数据集,每天扫过 16 条轨道,自 2001 年
8 月 24 日之后,空间分辨率为 5.0 km,扫描带宽为 247 km,覆盖范围 38°S～38°N,2A25 数据
集主要提供垂直降雨率廓线,提供的主要有衰减校正反射率因子(Corrected Z-factor)、降水类
型(Rain Flag)、表面降水(Near Surface Rain)等参量。

2.3.2.3　暴雨概况及天气形势分析

　　2010 年 6 月 27 日夜间到 29 日,受高原低槽加深形成的西南低涡影响,贵州西部出现了
持续性强降水天气过程(以下称"6·28"暴雨)。统计显示,全省共有 67 个乡镇出现大暴雨,7
个乡镇累计降水量大于 200 mm,以黔西南州中营镇的 322.2 mm 为最大。由图 2.42a 可知,
此次强降水中心位于贵州西部安顺市、六盘水市、黔西南州一带,东部降水稀少,仅局地达到暴
雨量级。其中,在 28 日 12:00 左右,安顺市关岭县岗乌镇大寨村出现由强降水诱发山体滑坡,
造成 22 人遇难,57 人失踪。此次强降水具有强度大、持续时间长、两个降水阶段的特点。

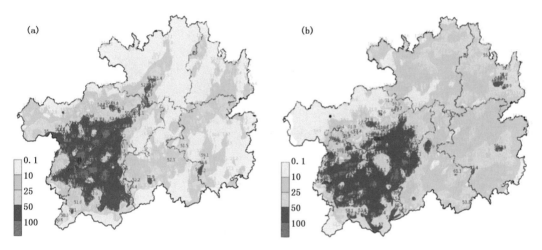

图 2.42　2010 年 6 月 28 日(a)和 2012 年 5 月 22 日(b)24 小时累计降水降水实况

　　通过分析"6·28"暴雨发生前的环流形势可知,从 500 hPa 上看(图略),乌拉尔山以西—
鄂霍次克海以西地区维持稳定的阻塞形势,西太副热带高压西进控制华南沿海一带,高原上有
低值系统东移,有利于在西南地区东部形成低值系统并发展。700 hPa 上,6 月 27 日 14 时(图
2.43a),贵州省受西南气流控制,四川中部偏东南存在气旋发展,该气旋发展成为西南涡,中心
位于西昌东南部,贵州省西北部地区都属高湿区。27 日 20 时(图 2.43b),发展形成的西南涡
逐渐向东南方向移动,东移南压,中心位置位于毕节西北部地区,西南涡携带的水汽开始影响
贵州西北部地区。高原地区东移进入四川的低值系统受阻发展,低槽在贵州西北部发展成为
西南低涡,进而生成中尺度对流系统并发展,最终造成"6·28"强降水天气过程。

　　2012 年 5 月 21 日 20 时—22 日 20 时贵州省境内出现区域性强降雨天气过程(以下称
"5·22"暴雨)。降雨天气过程覆盖全省(图 2.42b),较"6·28"暴雨范围广,全省共计 85 个县
站、1690 个乡镇出现降雨天气,暴雨主要区域出现在贵州西南部的六盘水、安顺大部、黔西南
州大部、毕节东南部和黔南西北部等地区,省中部以东和北部边缘降水量级偏小。此次强降雨
过程共计有两个乡镇出现特大暴雨,分别是六盘水市盘县的板桥镇 208.9 mm 和毕节市织金
的桂果镇的 206.9 mm。全省共有 3 县站达到大暴雨量级,分别是贵阳市清镇 137.4 mm、黔

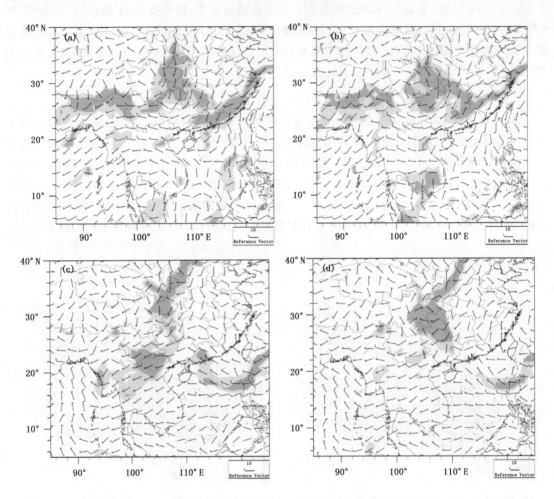

图 2.43 2010 年 6 月 27 日 14 时(a)、20 时(b)及 2012 年 5 月 21 日 14 时(c)、20 时(d)700 hPa 形势图
(阴影区为湿度大于 90%区域)

南的长顺 119.7 mm 和惠水 101.5 mm。69 个乡镇达到大暴雨降水量超过 150 mm 有 6 站,分别出现在毕节市金龙镇 192.2 mm,黔南州云坛镇 172 mm、小庆脚 150 mm,黔西南州的摆所乡 155 mm、中坝乡 153 mm、中坝湾田组 150 mm。16 县站、313 个乡镇达到暴雨量级。此次降水具有时间短、雨势强等短时强降水的特点。

从 700 hPa 环流形势演变可知,2012 年 5 月 21 日 14 时(图 2.43c)贵州为强的西南气流,内蒙古经河套地区到川东有以低涡切变,南压影响贵州省西北部。21 日 20 时(图 2.43d)影响贵州省的西南气流加强为低空西南急流,低涡切变南压到四川东南部到贵州西北部,已经开始影响到我省的西北部,未来低涡切变继续南压影响整个贵州境内。850 hPa 上(图略),贵州为偏南气流,位于贵州省西北部有一低涡,且该低涡位于 500 hPa 高空槽的前端。槽前的正涡度平流有利于该低涡的发展,未来影响贵州全境。在特大暴雨期间存在低层辐合高层辐散的典型暴雨结构(图略)。

2.3.2.4　降水率演变概况

(1)降水率水平分布

使用 TRMM 3B42 产品数据对两次区域性暴雨过程的降水演变特征进行分析,考虑"6·28"和"5·22"暴雨持续时间不等,挑选其中降水较强的一天做降水率演变图,降水率演变情况如图 2.44、图 2.45 所示,"6·28"暴雨过程在 27 日 20 时(图 2.44,北京时,下同),贵州省西部边缘逐渐由降水云团发展,在西昌一带也有云团发展,随时间推移,28 日 02 时,西部边缘降水云团发展,降水强度增强,西部大部地区降水率>30 mm/h,该降水云团略有东移,西昌南部的降水云团随时间逐渐东移南压贵州省西北部毕节市边缘,28 日 05 时,东移南压的降水云团有向西部边缘降水云团合并的趋势,降水强度略有减弱,最大降水率>15 mm/h,28 日 08 时,移入贵州的降水云团和西部边缘降水云团合并,略有东移,但降水范围减小,降水强度减弱,28 日 11 时,合并后的降水云团维持位置,降水强度减弱,降水范围再次减小,28 日 14 时,降水云团减弱,在六盘水市、黔西南州北部维持,随后的时次,降水云团范围和强度原地逐渐减弱,至 28 日 20 时,降水云团彻底减弱消失,此轮强降水天气过程结束。

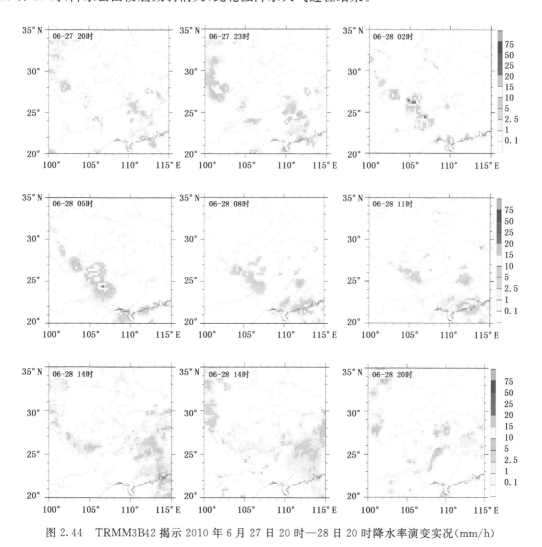

图 2.44　TRMM3B42 揭示 2010 年 6 月 27 日 20 时—28 日 20 时降水率演变实况(mm/h)

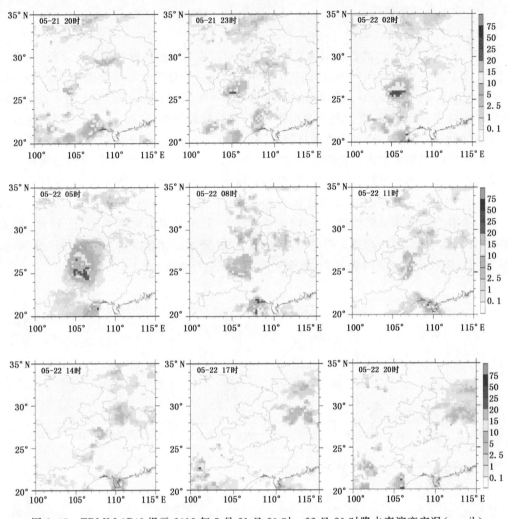

图 2.45　TRMM 3B42 揭示 2012 年 5 月 21 日 20 时—22 日 20 时降水率演变实况(mm/h)

　　"5·22"暴雨过程降水率演变情况如图 2.45 所示,自 5 月 21 日 20 时开始,贵州省西部边缘,滇黔交界处有降水出现,21 日 23 时,降水云团迅速发展,降水范围逐渐扩大,位置维持原地,降水强度增大,最大降水率>20 mm/h,22 日 02 时,降水云团仍在发展,范围继续扩大,降水强度增大,最大降水率>25 mm/h,从范围上看,降水云团类似于中尺度对流系统造成的降水,此外,广西西北部的降水云团有并入趋势,22 日 05 时,降水云团发展旺盛,降水范围增大,最大降水率>30 mm/h,降水云团呈椭圆形,属于中尺度对流系统影响造成的降水,从图中可以看出强降水中心位于六盘水市、安顺市、黔西南州北部地区,这与地面自动站观测一致,22日 08 时,中尺度对流系统降水云团逐渐减弱,降水率减弱到 20 mm/h,范围减小,降水范围覆盖省西南部地区,六盘水南部、黔西南州大部,安顺市西部地区,其余只有零星降水,22 日 11时,降水云团东移南压至黔南与广西交界处,贵州西部降水大幅减弱,六盘水市、黔西南州西部、安顺市西部降水已经趋于结束,随时间变化,降水云团东移减弱,西部降水云团减弱消失,西南地区东南部未有明显降水产生和发展,此次暴雨过程于 22 日 11 时左右趋于结束。

　　从 TRMM 3B42 降水数据揭示的降水率变化情况,对比这两次区域性暴雨天气过程可知,"6·28"暴雨过程降水持续时间较长,几乎一整天都有降水,但降水强度偏弱,此外,"6·28"暴雨过程中降水云团较为零散,形成的中尺度对流系统云团范围较小。而"5·22"暴雨天气过程具有典型的短时强降水特征,降水持续时间短,从降水云团生成、发展、减弱消散没超过12 小时,但降水强度大,根据地面自动站监测资料显示,此次暴雨过程中最大雨强出现在六盘水市盘县的板桥镇和黔西南州楼下镇,小时雨强分别为 86.1 mm 和 86.3 mm,此外,"5·22"暴雨过程中发展形成的中尺度对流系统范围广、强度大、对流旺盛,是造成短时强降水的主要原因之一。

(2)单点降水率变化

根据两次暴雨过程降水分布情况,强降水主要遍布贵州西部几个地市,使用 TRMM 3B42 数据绘制单一站点降水率时序图(图 2.46),从图中可知,"6·28"暴雨过程(图 2.46 左)西部降水主要出现在 27 日 20 时后,六枝站首先出现短时强降水,降雨率达 20 mm/h,然后降水强度逐渐减弱,关岭和晴隆出现降水的时间也是 20 时前后,但是关岭和晴隆的降水比较缓和,降水强度不大,最大降水率 8 mm/h,但是降水持续时间长,一直到 28 日 17 时左右仍有降水,水城出现降水的时间相对晚一些,结合图 2.44,28 日 05 时,位于四川东南部的降水云团东移南压与贵州西部边缘的降水云团合并前,合并前后的云团逐渐影响水城而产生的降水。此外,从关岭和晴隆两个站点来看,降水过程分为两段的特征,第一段 27 日 23 时—28 日 08 时,此时降水已经减弱,但是 08 时以后,降水又再次增强,开始了第二轮强降水,一直持续到 28 日 20 时才逐渐减弱。

从图 2.46 右可以明显看出,"5·22"暴雨过程具有显著的短时强降水特征,降水开始后,降水率迅速增大达到 23 mm/h,安顺和贞丰均是如此,水城和兴义出现降水的时间稍微偏迟,结合图 2.45,这是中尺度对流系统逐渐发展扩张造成的,可以看出,安顺和贞丰地区是中尺度对流系统发展旺盛的区域。"5·22"暴雨过程中,该轮强降水过后就无降水,4 个站点在 22 日 11 时后都没有降水,这说明降水时间短。

总之,TRMM 3B42 产品,能够较好反映降水区域、降水变化等特征,但是在降水强度上可能和实况还是存在一些差距。

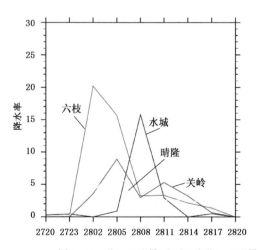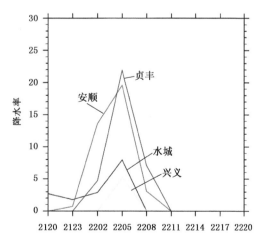

图 2.46　"6·28"暴雨(左)和"5·22"暴雨(右)过程站点降水率演变情况(mm/h)

2.3.2.5　第 2 级轨道数据反演概况

(1)TMI 扫描实例

2A12 是 TMI 第 2 级产品,扫描带宽为 750 km,扫描一次后成像为图 2.47,图 2.47 反演的为表面降水率。扫描的轨道编号为 82680,扫描时间为 2012 年 5 月 21 日 23 时 27 分 11 秒—2012 年 5 月 21 日 24 时 59 分 35 秒。2A25 扫描方式类似。

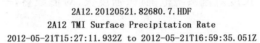

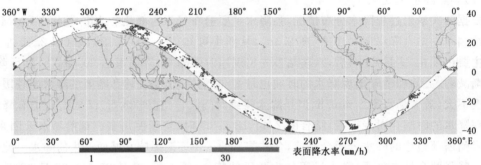

图 2.47　TMI 扫描到贵州省示意图

(2)暴雨个例反演

使用 2A12 数据反演这两次暴雨过程的表面降水,TRMM/TMI 共探测到了 5 个时次的资料,"6·28"暴雨 2 个时次,"5·22"暴雨 3 个时次。反演的降水分别如图 2.48、图 2.49 所示。

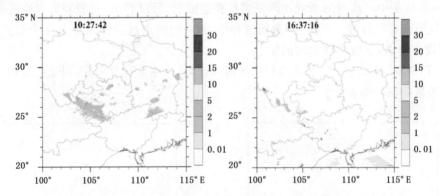

图 2.48　"6·28"暴雨过程 2A12 反演表面降水率的水平分布(mm/h)

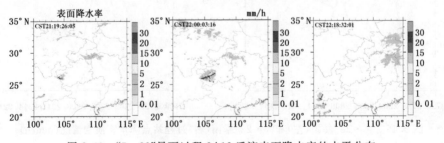

图 2.49　"5·22"暴雨过程 2A12 反演表面降水率的水平分布

"6·28"暴雨过程扫描到的两个时次分别为 2010 年 6 月 28 日 10 时 27 分 42 秒和 2010 年 6 月 28 日 16 时 37 分 16 秒(图 2.48),分别对应着"6·28"降水的旺盛阶段和减弱阶段,从图中可以看出,在 10 时 27 分 42 秒时,降水云团位于西部边缘,降水云团主要由一个主降水云团和几个零星的降水云团组成,降水中心位于黔西南州、安顺市南部,降水云团的水平范围大约为 250 km,而 16 时 37 分 16 秒降水云团显著减弱,降水云团位于黔西南州西北部,主要为零星的降水云团,水平范围也缩小。

从图 2.49 看出,TRMM/TMI 探测到的 3 个时次分别为 2012 年 5 月 21 日 19 时 26 分 05 秒、5 月 22 日 00 时 03 分 16 秒和 5 月 22 日 18 时 32 分 01 秒,对应着"5·22"暴雨过程的生成阶段、旺盛阶段、减弱阶段。生成阶段中可见在滇黔交界处有降水云团生成,降水率为 15 mm/h 左右,范围小,再次扫描到贵州地区时,该降水云团已经发展成中尺度对流系统降水云团,降水云团的范围已经扩大,中心位置位于贵州西部地区六盘水市、安顺市和黔西南州(由于轨道带宽原因,未扫到六盘水市南部和黔西南州西南部),此时的降水率达到了 30 mm/h 以上,降水云团相对完整,呈椭圆形,周围无明显零散降水云团,最后一次扫描到贵州时,时间是 22 日 18 时 32 分 01 秒,由图可见,整个贵州地区除了东南部地区有零散的弱降水云团之外,其余地区均无降水云团,说明此时强降水已经减弱消散了。

(3)近地面反射率

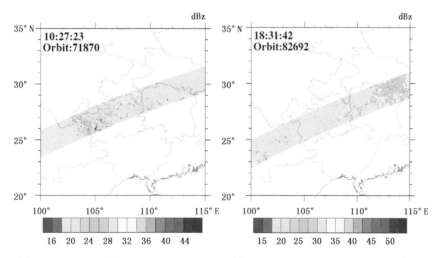

图 2.50　"6·28"暴雨过程(左)和"5·22"暴雨过程(右)2A25 反演近地面反射率

2A25 产品数据主要由 TRMM/PR 扫描得到,PR 扫描带宽为 247 km,较 TMI 窄,PR 共扫描到两次暴雨过程的次数为 2 次,分别是 2010 年 6 月 28 日 10 时 27 分 23 秒和 2012 年 5 月 22 日 18 时 31 分 42 秒,轨道编号分别为 71870 和 82692,分别对应着"6·28"暴雨过程的旺盛时刻和"5·22"暴雨过程的减弱时刻。

使用 2A25 反演出近地面雷达反射率如图 2.50 所示,"6·28"暴雨过程(图 2.50 左)中可以看出,在滇黔交界处存在强雷达回波,回波强中心位于六盘水市东南部和安顺市西部地区,中心地带雷达反射率达到了 45dBz 以上,说明在这一地区强对流活动明显,其余地区散布着零星雷达回波,结合图 2.46 左,在 6 月 28 日 10 时左右,贵州西部地区再次出现强降水,属第二阶段的强降水。雷达反射率和降水区域有很好的关联。

　　TRMM/PR扫到"5·22"暴雨过程的时间是18时31分,贵州西部的强降水天气已经趋于结束,降水云团已经移至湖南北部地区,而整个贵州西部地区几乎没有雷达回波,西部地区降水停止,2A25反演的信息与地面自动站观测结果是一致的。

　　(4)反射率三维结构

　　PR 2A25数据集主要提供垂直降雨率廓线,也可以反演雷达反射率三维信息。对图2.50中"6·28"暴雨过程的2A25数据进行三维化,从图2.51中可以看出,在PR扫描到的区域上,位于贵州西部地区有成片的对流柱出现,在105°E附近对流柱最高,反映出对流旺盛的中心位置在这里,除了此处的对流柱外,在其周围也存在着零散的对流柱,是造成"6·28"区域性暴雨的重要原因。

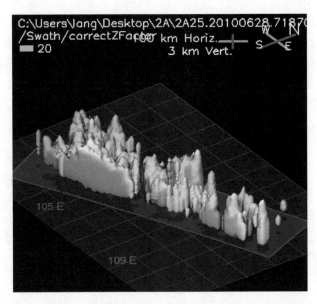

图2.51　"6·28"暴雨过程2A25反演的反射率三维结构

2.3.2.6　小结

　　利用TRMM卫星观测资料对发生在贵州西部夏季的两次暴雨天气过程进行分析,比较分析了两次暴雨过程降水云团的水平特征、演变特征,以及反演出的反射率特征,根据分析,得出如下结论:

　　(1)降水水平分布和降水演变:两次暴雨过程均由1个主降水云团,周围散布着零散的降水云团组成,"5·22"暴雨降水云团的水平尺度更大一些。"5·22"暴雨降水持续时间短,"6·28"暴雨持续时间长。

　　(2)两次暴雨过程受低涡切变影响,生成和发展中尺度对流系统(MCS)有密切联系。

　　(3)TRMM卫星观测资料反演的降水能够较好分析出两次暴雨过程中强降水的发生时段、降水落区、演变趋势、降水的三维特征等。但是在降水强度上,可能是地形因素造成降水强度较地面自动站观测偏弱。

2.4　地表反照率产品的应用

地表反照率是指地球表面所反射的入射太阳辐射通量的比例,它在很大程度上决定了辐射能量在地气系统中的分配,进而通过影响植被的蒸腾作用、光合作用,地面的感热潜热输送等一系列物理、生物物理和生物化学过程,影响地气系统中的能量、物质和动量的交换。很多敏感性分析都证明了,地表反照率的细微变化,都会影响到地气系统的能量平衡,从而引起气候的变化。因此,地表反照率是气候模式中的一个重要参数,准确获取全球尺度的地表反照率数据对于天气与气候的模拟与预测研究具有重要的意义。在环境光照情况下,反照率是被直射和散射辐射同时影响的,为了得到环境光照条件下反照率的近似,关注两种极端情况下的反照率显得很重要,分别是白空反照率(BHR)和黑空反照率(DHR),分别代表太阳辐射完全漫射(图 2.52b)和完全直射条件下(图 2.52a)的反照率。

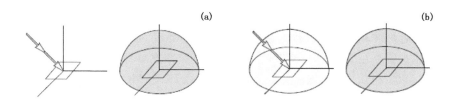

图 2.52　(a)黑空反照率(DHR)与(b)白空反照率(BHR)

遥感方法是监测全球地表反照率唯一可行的方法,基于单个卫星数据的反照率反演算法必须满足一定数量的表面方向反射率。从一个单独的传感器获得的方向性测量值取决于它的扫描配置和平台的轨道特征。对于单视场传感器,在一个特定的时间周期内进行连续的观测才可能获得足够的方向性采样数据;而多角度传感器,能够在短时间内获得足够的方向性观测数据;而对于静止传感器,则需要在一天之内不同的光照条件下获得足够的方向性采样数据。现在已经反演出了许多单视场、多角度和静止卫星的反照率产品,如 AVHRR、MODIS、MISR、POLDER/PARASOL、VEGETATION 和 METEOSAT 传感器的反演产品。由于地表的各向异性,地表反照率的准确反演必须依赖于多角度观测资料的广泛应用。

目前的这些地表反照率产品都经过了一定的地表验证,而且这样的地表验证有很多,一般是选取在地面验证点周围测量的地表反照率数据与相同时间过境的卫星反演的地表反照率数据进行对比,虽然地表验证是最准确的一种验证方式,然而只是地表验证是不够的,因为地表验证只能验证测量点周围有限区域的范围,而且只能验证有限的地表数据,覆盖的范围很有限,不像卫星观测数据覆盖的地表那么广。这些由不同的传感器、不同的反演算法获得的长期的地表反照率产品,相互之间的吻合程度究竟如何,这是在应用时必须要考虑的问题。所以,除了地表验证以外,还需要有卫星地表反照率之间的相互对比,以分析各个卫星的地表反照率数据之间存在的异同。

2.4.1　多源卫星地表反照率产品的比较与分析

卫星遥感是测量来自一定方向上的辐射,这个辐射值包括了大气的和地表的混合值,地表反照率产品是通过辐射校正、大气校正、各向异性校正、模型反演得到各个波段的地表反照率，再通过窄波段地表反照率向宽波段地表反照率转换得到各个宽波段的地表反照率，如可见光、近红外和短波地表反照率。

由于各个卫星传感器在反演地表反照率时所采用的算法、大气校正和窄波段向宽波段的转换时所使用的数据和方法不同，各个传感器所设置的波段、卫星的过境时的光照和大气状况也有差异，所以最终得到的反照率产品是有差异的。因此，除了地面验证之外，还有必要对不同的地表反照率产品做相互比较，以全面认识不同地表反照率数据之间存在的差异，以及这些差异产生的原因。但就目前来看，这方面的研究还很不足。多角度遥感反演的地表反照率产品中，MODIS 与 MISR 白空反照率已经做了一年的全球尺度的较为系统的对比，他们比较了两个产品在无雪条件下的高质量数据，包括短波、可见光和近红外波段的数据，结果表明两个数据相关性很高；随着光谱区间的不同，MISR 与 MODIS 数据之间存在 0.01～0.03 的系统偏差，并且差异在高纬度达到最大；MODIS 的反照率在可见光波段表现出来的季节性变化小于 MISR。

Carrer 等（2010）比较了 MSG 与 MODIS 的地表反照率，比较的区域是欧洲和北非区域，得到的结论是两者短波和近红外波段的黑空反照率在中纬度区域有很好的一致性，绝对偏差在 0.01 以内，相对偏差在 5% 以内，两者的短波白空反照率在草地地表吻合得很好，偏差和均方根误差只有 0.007 和 0.012，MSG 的可见光宽波段 BHR 比 MODIS 高估了近 20%。

Jin 等（2003）为了验证 MODIS 产品，进行了 MODIS 与 AVHRR 历史存档的全球反照率比较，他们将 MODIS 的 1 km 分辨率数据处理为与 AVHRR 相同的分辨率数据进行对比，比较的结果是 MODIS 和 AVHRR 地表反照率都有类似的空间特征，但 MODIS 的反照率分辨率更加精细，在空间特征上有更详细的表现；两者全球的直方图分布也是类似的，但也存在一些系统的差异；其纬向分布也是类似的；两者的相关系数很好，但 MODIS 的值要高 0.016；同时还进行了 MODIS 与 ERBE 的对比，结果是 MODIS 的值比 ERBE 低 0.034。

Hautecoeur（2007）比较了 POLDER 与 MODIS 的数据，他使用的是 POLDER 0.5° 分辨率的值，包括了 POLDER-2 和 PARASOL 初步的数据，只比较了一天的时间范围，还对 POLDER 与 MODIS 数据在两种相对的自然生态环境地下进行了深入对比；结果是 MODIS 数据和 POLDER 数据在全球表现出很好的一致性，显示出很高的相关系数，唯一的是 MODIS 对于雪有轻微的过高估计；对于深入对比，在选定的区域，尽管地面观测到了大的光学厚度，但是 MODIS 和 POLDER 之间没有重大的差别；在北部森林区域，POLDER 反照率比 MODIS 要大，但这个对比对于有雪的像素是非常分散的。他还比较了 MISR 与 POLDER 的反照率，结论是 POLDER 反照率平均来说比 MISR 大 0.03，而在明亮的沙漠地区可达 0.05。下面对常用的 MODIS、MISR 和 POLDER 三个传感器的全球地表反照率进行比较分析，产品的主要特征见表 2.14。

2.4.1.1 多源卫星反照率数据

（1）MODIS 数据

MODIS（Moderate Resolution Imaging Spectroradiometer，中分辨率成像光谱仪）是搭载在 Terra（EOS AM）和 Aqua（EOS PM）卫星上的主要仪器，它的波段从 0.4 μm 到 14.4 μm 总共有 36 个，扫描角度达 ±55°，Terra 和 Aqua MODIS 全球观测一次的时间为 1 到 2 天。

MODIS 的 MCD43C3 全球地表反照率数据，来自于 NASA 的 LP DAAC（Land Processes

Distributed Active Archive Center,美国陆地分布式活动档案中心),空间分辨率为 0.05°,MCD 代表其数据来源于 Terra 和 Aqua 两者每 16 天(每隔 8 天得到一个 16 天的合成)的合成,数据的地图投影为等经纬度投影。MCD43C3 有七个波段的光谱白空反照率(BHR)和黑空反照率(DHR),可见光波段的黑空反照率(DHR_Vis)及白空反照率(BHR_Vis,300~700 nm),近红外波段的白空反照率(BHR_Nir,700~5000 nm)和黑空反照率(DHR_Nir),短波波段的白空反照率(BHR_SW,300~5000 nm)和黑空反照率(DHR_SW)。MCD43C3 还有每个合成数据的质量数据(Global BRDF Quality)和冰雪覆盖率(Percent_snow)数据,质量数据表示的是用于合成 MCD43C3 的 500 m 数据的质量字段的主要情况(MODIS BRDF/Albedo Product (MCD43) User's Guide)。MCD43C3 数据是从 2000 年 3 月至今,除了 2000 年以外,每年有 46 个 HDF 格式的数据。

表 2.14 MODIS、MISR、POLDER 地表反照率产品特征

名称	MCD43C3	CGLS	SurfaceAlbedo
传感器	MODIS	MISR	POLDER-3
卫星	TERRA&AQUA	TERRA	PARASOL
轨道高度	705 km	705 km	705 km
中心波长(nm)	659、865、470、555、1240、1640、2130	426、557.5、671.7、866.4	490、565、670、765、865
波宽(nm)	50、35、20、20、20、24、50	41.9、28.6、21.9、39.7	20、20、20、40、40
包含的地表反照率数据	三个宽波段(短波波段,0.3~5.0 μm;可见光波段,0.3~0.7 μm;近红外波段,0.7~5.0 μm)的 BHR 和 DHR,7 个窄波段(659、865、470、555、1240、1640、2130 nm)的 BHR 和 DHR	一个宽波段(0.4~2.5 μm),4 个窄波段(446.4、557.5、671.7、866.4 nm)的 DHR	两个宽波段(短波波段,0.3~4.0 μm;可见光波段,0.4~0.7 μm)的 DHR 和 BHR,5 个窄波段(490、565、670、765、865nm)的 DHR 和 BHR
时间覆盖	2000—2011	2000—2011	2006—2011
空间覆盖	全球	全球	全球
投影方式	地理纬度/经度	地理纬度/经度	正弦等积
空间分辨率	0.05°	0.5°	1/18°
时间分辨率(天)	8	30	10
参考文献	(Crystal B. Schaaf a, Trevor Tsang a et al. 2002)	(Weiss M,1999)	(Maignan, 2004)

(2)MISR 数据

MISR(Multi-angle Imaging SpectroRadiometer,多角度成像光谱辐射计)是搭载在 Terra 卫星上的传感器,总共有四个波段(表 2.14),能同时用九个角度观测地球,分别为 0°、±26.1°、±45.6°、±60.0°和±70.5°,它只需要 9 天时间就能够覆盖全球的地表(eosweb. larc. nasa. gov)。本研究使用的 MISR 全球地表反照率数据是三级的 CGLS 数据(larc. nasa. gov),空间分辨率为 0.5°,地图投影为等经纬度投影。CGLS 包含的三级反照率数据为 4 个波段的黑空反照率(DHR)和短波黑空反照率(DHR_SW,400～2500 nm),是从二级的 LandDHR 数据得到的。通过 ASTMG173 参考光谱计算,400～2500 nm 占地表太阳辐射 84%,300～5000 nm 和 300～4000 nm 占地表太阳辐射大于 98%,因此,认为 MISR 的三级短波黑空反照率数据与 MODIS 和 POLDER 的三级短波黑空反照率数据不具有可比性。因此为了得到能够与 MODIS 和 POLDER 可比较的宽波段地表反照率,就需要由光谱反照率转换为宽波段的反照率。Liang 使用了一种新的方法,在不增加太多计算负担的情况下,将不同地表覆盖类型的上千个测量的反射光谱加入到了模拟结果中,提出了针对不同传感器的转换方法。采用这个转换方法的人很多,因为其转换系数加入了不同的地表类型与大气状况进行了计算,对地表类型和大气状况不敏感,而且这种转换是线性的,不受空间分辨率的影响。根据研究结果表明,这种转换方法对 MISR 的短波、近红外、可见光波段的反照率转换是有效的。表 2.15 是 MISR 窄波段地表反照率转换为宽波段地表反照率的转换系数,通过转换我们得到了 MISR 的短波、可见光和近红外黑空反照率。

MISR 有四个波段的气溶胶数据,为了与 MODIS 和 POLDER 的比较,因此,选择了 MISR 555 nm 和 865 nm 的气溶胶光学厚度 MIL3MA3.4 全球的月平均值 MIL3MAE,空间分辨率为 0.5°,为等经纬度投影,包括海洋和陆地,为等经纬度投影方式。

表 2.15 MISR 宽波段反照率转换系数(liang,2000)

波段(nm)	426～467	544～571	662～682	847～886	补偿值
短波	0.0	0.126	0.343	0.415	0.0037
可见光	0.381	0.334	0.287	0.000	0.0
近红外	−0.387	−0.196	0.504	0.830	0.011

(3)POLDER 数据

CNES 的 Parasol 卫星上的 POLDER-3(地球反射率极化和方向性仪)宽视场成像辐射计偏光计,相对于 POLDER-1 和 POLDER-2,POLDER-3 的波段进行了一些改变,取消了 443 nm 的极化波段,增加了 490 nm 的极化波段,增加了 1020 nm 的新波段,POLDER 有九个波段同时观测地表,观测角度可达±51°(smsc.cnes.fr)。POLDER 的地表反照率为 Surface albedo,其全球地表反照率数据连续可用的为从 2005 年 4 月份开始的,前两颗卫星(POLDER-1,POLDER-2)的数据只有不连续的几个月的数据,因此这里使用的都是 PARASOL 的数据。PARASOL 的地表反照率数据包括 5 个波段的黑空反照率和白空反照率可见光黑空反照率(DHR,0.4～0.7 μm),可见光白空反照率(BHR, 0.4～0.7 μm),短波黑空反照率(DHR_SW,0.3～4.0 μm)以及短波白空反照率(BHR_SW, 0.3～4.0 μm)。PARASOL 三级地表反照率数据是从二级的反射率数据经过方向积分得到 5 个波段的光谱反照率,再经过光谱积分得到可见光和短波段的宽波段反照率,地图投影为桑逊投影,空间分辨率为 1/18°,其数据是每个月的第 5 天、15 天、25 天分别合成的,合成时间段为合成时间的前后 14 天。

POLDER-3 的气溶胶数据来自 PARASOL 的 AC3,它是陆地 865 nm 的三级月平均气溶胶数据,分辨率为 0.8°,为桑逊投影,PARASOL 云顶方向反射数据的大气校正使用的就是 865 nm 的气溶胶数据。

2.4.1.2　数据处理

（1）月平均、年平均和多年平均

对 MODIS 的短波、可见光以及 865 nm 黑空地表反照率，首先将存储的灰度值数据归一化，对每个数据乘以尺度因子 0.001 就得到了范围为 0～1 的反照率值，然后根据冰雪数据去除冰雪，接下来计算每个合成期的数据在 2006 年 1 月—2011 年 12 月之间的多年平均，再由这些多年平均中选取 16 天间隔的数据（23 个）计算得到年平均的多年平均；从均值和标准差来看，各种地类的黑空反照率值的分布没有大的变化，因为每年相同合成期的地表差别很小，所以可以这样计算每年相同合成期地表反照率的多年平均。对于月平均，不管是一年之中的月平均，还是多年平均中的月平均，均采用以下的方式计算：1 月：001,009,017；2 月：025,033,041,049；3 月：057,065,073,081；4 月：089,097,105；5 月：113,121,129,137；6 月：145,153,161,169；7 月：177,185,193,201；8 月：209,217,225,233；9 月：241,249,257,265；10 月：273,281,289；11 月：297,305,313,321；12 月：329,337,345,353。序号代表合成期的编号，每个月的月平均会有几天差异，但影响不大，年平均通过月平均来计算。对多年（2006—2011）年平均的计算，先计算多年（2006—2011）合成期平均，再通过多年（2006—2011）合成期平均算得到多年（2006—2011）年平均和多年（2006—2011）季节平均。

由于 POLDER 的数据是每个月的第 5 天、15 天和 25 天进行前后 14 天的合成，所以对于短波、可见光和 865 nm 的黑空地表反照率取每个月 15 号的合成值作为 POLDER 的月平均值，首先将 POLDER 月平均的投影转换为与 MODIS 和 MISR 一致的等经纬度投影，首先设置 POLDER 的桑逊投影信息，设置左上角的图像坐标为（1.0,1.0），计算左上角的地图坐标为 $(E,N)=(-20015100.0000,10007500.0000)$，计算方式分别为：根据地球半径为 6370997.0 m，$E=2\pi R/2=2\pi\times6370997.0/2=20015100.0$ m，它表示周长的一半，因为在左上角，所以是负数，$N=2\pi R/4=2\pi\times6370997.0/4=10007500.0$ m，它表示周长的四分之一，还有一个参数是 X,Y 像元大小，根据空间分辨率为 1/18°，计算得到（$2\pi R/360°$）×（1/18°）＝6177.49 m，有两种方式可以转换，一种是通过 ENVI 软件转换，即使用 ENVI 软件 map 菜单下的 Convert map projection 功能，在 change proj 下面选择 Geographic lat/lon，转换参数设置为 Rigorous，确定即可转换为等经纬度投影；还有一种转换方式为批量转换，首先使用 envi_proj_create(/GEOGRAPHIC)创建等经纬度投影，然后通过调用 envi_convert_file_map_projection 即可进行批量转换，主要设置两个参数，一个是 warp_method＝3（表示转换参数为 Rigorous），另外一个是 resampling＝0，表示重采样方式为最近邻采样（Nearest Neighbor）。然后将 POLDER 的灰度数据转换为 0～1 的有效值，根据公式 $PV=Slope\times BV+Offset$ 来进行转换，其中对于 BDHR，BDHR_VIS，slope 为 0.005，Offset 为 0.0。通过月平均计算得到每年的年平均；对多年（2006—2011）年平均的计算，先计算多年（2006—2011）月平均，再通过多年（2006—2011）月平均算得到多年（2006—2011）年平均和多年（2006—2011）季节平均。

对于 MISR，短波和可见光黑空反照率使用光谱向宽波段转换之后得到月平均的短波、可见光和 865 nm 波段的黑空反照率，通过月平均计算得到每年的年平均；对多年（2006—2011）年平均的计算，先计算多年（2006—2011）月平均，再通过多年（2006—2011）月平均算得到多年（2006—2011）年平均和多年（2006—2011）季节平均。

（2）重采样

由于 MODIS、MISR 和 POLDER 的空间分辨率分别为 0.05°、0.5°和 1/18°，投影方式也

有区别,因此,需要做投影转换与重采样以得到同一空间分辨率,才能进行统一的相互比较。POLDER 的投影方式为桑逊投影,其投影参数为,Liang(2000)使用三维的大气辐射传输模型发现反照率从较高的分辨率转换为较低的分辨率时转换关系是线性的。因此,将 MODIS 的 0.05°分辨率和 POLDER 的 1/18°分辨率转换到 0.5°分辨率时可以直接使用线性方法,我们通过使用 IDL 调用 ENVI 的 Resize 工具对 MODIS 和 POLDER 的数据进行处理得到了 0.5°分辨率的数据。

通过上面的处理方法,得到了 MODIS、MISR 和 POLDER 可见光、865 nm 和短波黑空地表反照率的月平均、年平均、季节平均以及相应的多年平均数据。

2.4.1.3　MODIS、MISR、POLDER 产品年平均的比较

(1)年变化

首先比较了三个产品 2006—2011 年的多年平均,图 2.53 是三个产品在三个波段上的黑空地表反照率多年年平均的全球均值,需要说明的是,这里的均值并不是真正意义上的全球平均,而是三个产品都存在有效数据的区域的平均值,其中 MODIS 是每个合成期的均值,MISR 和 POLDER 是月均值。可以看到,三个产品在一年中表现出一定的季节变化,短波和可见光波段春冬季节的值大于夏季的值,而在 865 nm 波段是春冬季和夏季值较高,这是因为植被在近红外波段的反照率较高,而夏季植被生长茂盛,所以在 865 nm 波段值比较大,因此有一个下降、上升、下降的过程,而在短波和可见光只有下降、上升两个过程。从图 2.53 可以看到三个产品在短波(图 2.53a)、可见光(图 2.53b)和近红外(图 2.53c)波段的大小关系为 POLDER、MISR、MODIS,但 865 nm 波段在夏季(160~240 天)之间存在例外,大小关系为 MISR、POLDER、MODIS,这表明 MISR 对植被更加敏感。

在短波波段,POLDER、MISR、MODIS 全球均值的范围依次约为 0.20~0.24、0.18~0.20、0.16~0.18。从图上可以看到,POLDER 与 MODIS(MISR)的差值范围为 0.02~0.04(0.01~0.03),MODIS 与 MISR 的差值范围为 0.005~0.02。在可见光波段,POLDER、MISR 和 MODIS 在数值上存在着显著差异,平均值的范围分别为 0.11~0.17、0.10~0.13、0.08~0.105,每个产品的值都小于相应的短波黑空地表反照率。POLDER 与 MODIS(MISR)的差值范围为 0.025~0.07(0.01~0.045),而 MODIS 与 MISR 的差值范围为 0.015~0.025。在 865 nm 波段,POLDER、MISR 和 MODIS 在值上存在着显著差别,平均值的范围分别为 0.28~0.32、0.28~0.29、0.25~0.28,POLDER 与 MODIS(MISR)的差值范围为 0.01~0.05(-0.005~0.028),而 MISR 与 MODIS 的差值范围为 0.01~0.03。

图 2.53 中 MODIS 是每个合成期的多年平均,MISR 和 POLDER 是每个月的多年平均。取 MODIS、MISR、POLDER 都存在数据的区域计算平均值。

(2)纬向平均

图 2.54 中三个产品都是 0.5°分辨率,每个波段取三个产品在相同区域都有数据的范围,黑色为无值的陆地地表,白色为水体。

首先我们从三个产品多年(2006—2011)年平均的全球图(图 2.54)上来看一下三个产品的差异,三个产品无论是在短波和可见光波段的都是相似的,但仔细观察也能看出一些差别。在短波波段,可以看到 MODIS 在南美区域大部分明显低于 MISR 和 POLDER,在澳大利亚北部地区、欧洲大部分地区也明显低于 MISR 和 POLDER;MISR 在非洲中南部、欧洲中部、亚

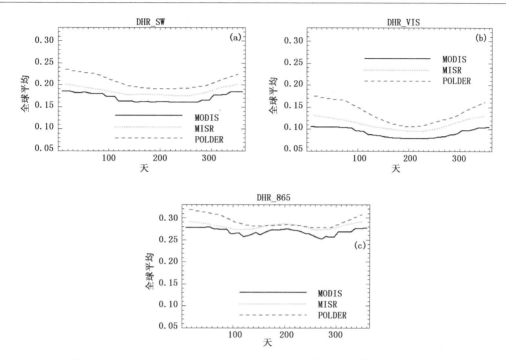

图 2.53　MODIS、MISR、POLDER 2006—2011 的多年平均的全球平均值

(a)短波黑空地表反照率；(b)可见光黑空地表反照率；(c)865 nm 波段黑空地表反照率

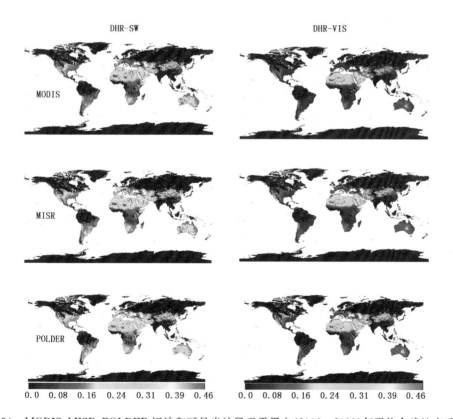

图 2.54　MODIS、MISR、POLDER 短波和可见光波段无雪黑空(2006—2011)年平均全球地表反照率

洲东南部大部分明显低于 POLDER；POLDER 在北美大部分也明显高于 MODIS 与 MISR。在可见光波段，整体上的色调比短波波段暗很多，表明其值小于短波波段，这和年均值的结果是相似的，POLDER 在赤道附近的值明显高于 MODIS 和 MISR，在北美北部区域也明显高于 MODIS 与 MISR，此外在亚洲中部也高于 MODIS 和 MISR。

　　图 2.55 是 POLDER、MODIS、MISR 可见光、短波和 865 nm 波段黑空地表反照率 6 年平均（2006—2011）及其差值的纬向平均，纬向的分辨率为 0.5°。三个产品的纬向平均表现出明显的特征：①在三个波段上，与年变化情况相似，三个产品在纬向平均上有显著的差异，总体上的大小关系是 POLDER、MISR、MODIS，但 MISR 在 865 nm 波段的南半球表现出大于 MODIS 和 POLDER；②在整体上，北半球三个波段上的值要高于南半球的值；③三个产品的三个波段的纬向平均在形态上是相似的，在纬向上的变化趋势是一致的。

　　三个产品在三个波段上的差值大小是不同的，从差值的纬向平均（图 2.55d、e、f）上可以看到，在短波波段，MODIS-MISR、MODIS-POLDER、MISR-POLDER 的范围为 0.01～－0.04，－0.005～－0.075，－0.005～－0.04；在可见光波段，MODIS-MISR、MODIS-POLDER、MISR-POLDER 的范围为 0.005～－0.05，－0.02～－0.09，0.015～－0.05；在 865 nm 波段，MODIS-MISR、MODIS-POLDER、MISR-POLDER 的范围为 0.03～－0.04，0.005～－0.07，0.03～－0.06；差值在 35°N 变得更加显著。MODIS 与 MISR 在短波和可见光波段的结果与

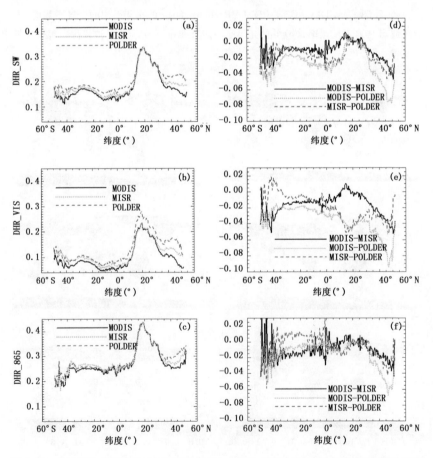

图 2.55　MODIS、MISR 和 POLDER 2006—2011 多年年平均的及差值的纬向平均

白空反照率的比较结果是一致的。从图中看到,三个产品在纬向上的差值是可能大于全球均值(图 2.55)的差值的,这说明区域性的差异可能超过全球的差异,因为不同纬度上的地表类型不同,大气状况不同,植被的季节变化不同,不同季节的太阳高度角不同,这些都可能引起较大的区域性差异。

　　图 2.55 中选取 MODIS、MISR、POLDER 相同范围都有数据的区域。图 2.55a、b、c 分别是短波、可见光和 865 nm 黑空地表反照率;图 2.55(d),(e),(f)分别是短波、可见光和 865 nm 黑空反照率的差值。

　　(3)相关性

　　图 2.56 为三个产品的各个格点 6 年平均的年均值的散点图。可以看出,三个产品相互之间的相关性是比较高的。其中,可见光波段(图 2.56a2,b2,c2)的相关系数高于短波波段(图 2.56a1,b1,c1),而短波波段要高于 865 nm 的近红外波段(图 2.56a3,b3,c3)。相关性最好的是 MODIS 与 MISR 的产品,相关系数 r 在短波(可见光)波段达到 0.939(0.948)。对照前面的分析可见,这两个产品的全球平均的差异也是相对最小的,这应该与这两个产品的数据质量较高有直接关系。MODIS 与 POLDER 产品虽然在全球平均上的差异是最大的(图 2.53),但是两个产品的相关性还是比较高,r 在短波(可见光)波段达到 0.937(0.940),在 865 nm 波段达到 0.923,这有可能与它们的算法中都使用核驱动模型有关。相比之下,MISR 与 POLDER 的产品的相关性要差一些,但是相关系数 r 在短波(可见光)波段也都达到了 0.911(0.926)。三个产品的相关系数与均方根误差的详细对比见表 2.16。

表 2.16　黑空地表反照率相关系数和均方根误差

反照率波段 反照率产品	DHR_SW		DHR_VIS		DHR_865	
	R	RMSE	R	RMSE	R	RMSE
MODIS&MISR	0.939	0.028	0.948	0.021	0.895	0.040
MODIS&POLDER	0.937	0.025	0.940	0.029	0.923	0.034
MISR&POLDER	0.911	0.030	0.926	0.032	0.853	0.046

　　图 2.56 中 a1、a2、a3 分别是 MODIS 与 MISR 的短波、可见光和 865 nm 波段;b1、b2、b3 分别是 MODIS 与 POLDER 的短波、可见光和 865 nm 波段;c1、c2、c3 分别是 MISR 与 POLDER 的短波、可见光和 865 nm 波段。

2.4.1.4　MODIS、MISR、POLDER 产品季节平均的比较

　　前面分析了三个产品之间的差异可能与植被的生长变化有关,而这种变化最大的差别就是夏季和冬季,所以为了分析这种影响,选择冬季和夏季的平均来进行对比分析。这里的夏季和冬季是相对北半球来说的,季节是根据全球均值的年变化情况来确定的,将夏季定义为第 120 至第 270 天之间(值较小),将剩余的时间(0～119 天,271～365 天)定义为冬季。我们选择 6 年(2006—2011)平均的数据来计算 MODIS、MISR 和 POLDER 的夏季和冬季的季节平均,由于 MODIS 的 6 年平均是以每个合成期来计算的,因此,这里的夏(冬)季的合成期范围为 113～265(001～105,273～353);MISR 与 POLDER 的夏(冬)季的时间范围为 5—9(1—4,10—12)月。

　　(1)纬向平均的差异

　　从图 2.57 三个产品 6 年平均的夏冬季节平均可以看到,三个产品的三个波段的多年季节

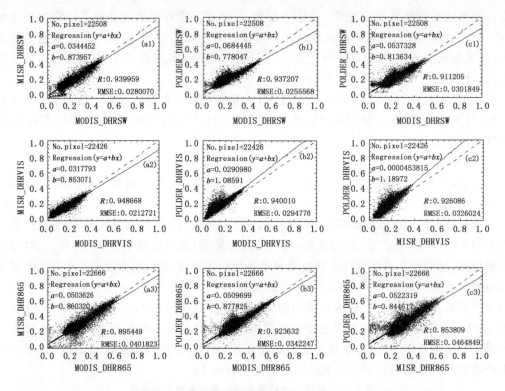

图 2.56　全球各个格点的 DHR 6 年平均值(2006—2011 年)的散点图

短波波段(a1，b1，c1)、可见光波段(a2，b2，c2)和 865 nm 波段(a3，b3，c3)

平均与多年年平均的纬向平均(图 2.55)是相似的,在短波和可见光波段都表现出 POLDER＞MISR＞MODIS,在 865 nm 波段,也表现出在 0°～40°S 之间 MISR＞POLDER,而在 30°N～50°N 之间 POLDER＞MISR。季节之间有很明显的差别,三个产品的三个波段的地表黑空反照率在夏季比在冬季能够获得的相同范围内的数据多,相差大概 20 个纬度,因为夏季冰雪范围比冬季要小得多。

在北半球,三个产品在冬季的高纬度地区差异比夏季大,短波和 865 nm 波段主要是在 30°～50°N,可见光波段主要是在 20°～50°N,具体表现如下:

在 30°～50°N 短波波段(图 2.57a,d),POLDER 与 MISR 在的夏季和冬季的差异分别为 0.01～0.03,0.01～0.06,MISR 与 MODIS 的差异分别为 0.01～0.03,0.01～0.05,POLDER 与 MODIS 在这两个季节的差异分别为 0.01～0.06,0.01～0.10。

在 20°～50°N 的可见光波段(图 2.57b,e),POLDER 与 MISR 在夏季和冬季的差异分别为 0.01～0.05,0.01～0.07,MISR 与 MODIS 的差异分别为 0.01～0.03,0.01～0.07,POLDER 与 MODIS 的差异分别为 0.02～0.04,0.03～0.13。

在 865 nm 波段的 30°～50°N(图 2.57c,f),POLDER 与 MISR 在夏季几乎没有差异,而在冬季的差异为 0.01～0.05,MISR 与 MODIS 在夏季和冬季的差异分别为 0.01～0.02,0.01～0.04,POLDER 与 MODIS 在这两个季节的差异分别为 0.01～0.02,0.01～0.09。

冬季高纬度地区差异比夏季大,因此可能与冰雪有关,由于冰雪数据来自于 MODIS,所以可能导致 MISR 和 POLDER 的冰雪没有被完全去除。在南半球的情况相反,因为南半球的夏季和冬季与北半球的夏季和冬季正好是相反的,从图中可以看到,三个产品在南半球 40°~50°S范围的差异在南半球的冬季比夏季大,这应该也是由于冰雪的影响导致的,相对于北半球的差异要小很多,这主要是由于这部分的陆地比较少,所以数据也比较少,受影响的点也就比较少。

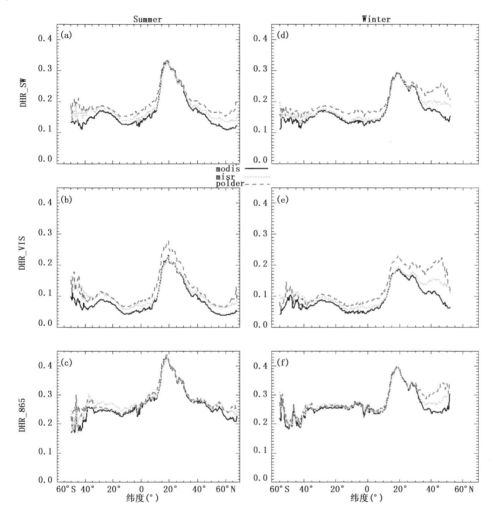

图 2.57　MODIS、MISR、POLDER 短波、可见光、865 nm 波段 6 年(2006—2011)季节平均

图 2.57 中 a,d;b,e;c,f 分别为短波、可见光和 865 nm 波段的夏季和冬季的纬向平均。

(2)季节变化的差异

三个产品的季节差异见图 2.58,在 865 nm 波段(图 2.58c),可以看到,MISR 与 MODIS 在北半球夏季大于冬季,这是由于夏季植被的生长,而这个波段主要对植被敏感,但 POLDER 在 35°~50°N 之间夏季小于冬季,这可能是由于冰雪数据来自于 MODIS,而导致 POLDER 的冰雪数据没有去除完,在 0°~20°S 之间,夏季小于冬季,这是由于南北半球的季节相反的原因。

在短波(图 2.58a)和可见光(图 2.58b)的 30°~50°N,夏季也低于冬季,这可能也是由于冰雪的影响,而 MODIS 在此范围内之所以差异较小,可能由于使用的是它的冰雪数据,所以去除得比较干净,短波波段在 0°~20°N 之间夏季大于冬季,可见光波段变化不大,MISR 与

POLDER 在南半球的高纬度(40°～50°S)存在夏季比冬季大,而且不确定性较大,这应该是受冰雪的影响,而 MODIS 同样差异较小。

可以看到,三个产品总体上表现出了地表的季节变化规律,但是高纬度地区可能存在冰雪的影响导致冬季的反照率比夏季高出很多。

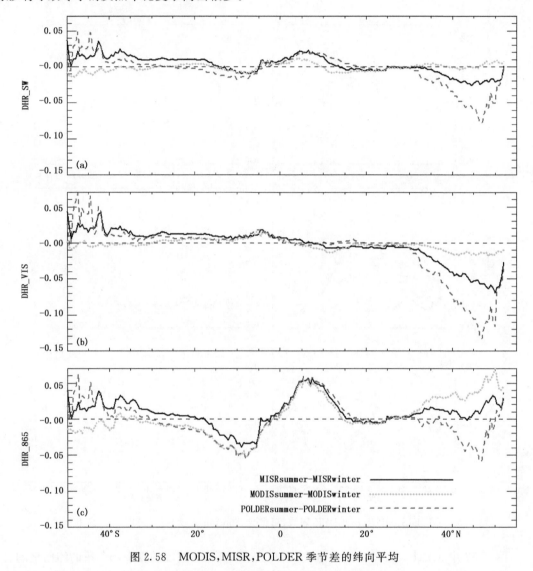

图 2.58　MODIS,MISR,POLDER 季节差的纬向平均

图 2.58a、b、c 分别是短波、可见光和 865 nm 波段。

(3)相关性

从上面的纬向平均(图 2.57)可以看到,三个产品在夏季和冬季的差异是有区别的,冬季的差异要大于夏季,下面从相关性方面来分析一下不同季节的表现,图 2.59 为短波黑空地表反照率夏季和冬季的散点图,从图中可以看到,MODIS 与 MISR,MODIS 与 POLDER,MISR 与 POLDER 的相关系数都很高,而且夏季的相关系数高于冬季,夏季的均方根误差也低于冬季,相关系数与均方根误差的详细对比见表 2.17。

表 2.17 短波黑空地表反照率夏季和冬季的相关性

季节 反照率产品	夏季		冬季	
	R	RMSE	R	RMSE
MODIS & MISR	0.938	0.024	0.935	0.029
MODIS & POLDER	0.952	0.019	0.890	0.035
MISR & POLDER	0.916	0.024	0.882	0.036

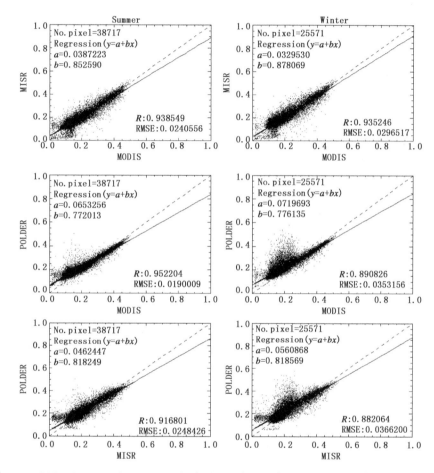

图 2.59 MODIS、MISR 和 POLDER 短波黑空地表反照率(DHR_SW)夏季和冬季的散点图

在可见光波段上,三个产品的相关系数也是夏季高于冬季,均方根误差在夏季也低于冬季,见图 2.60,详细的相关系数和均方根误差列在表 2.18 中。

表 2.18 可见光黑空地表反照率冬夏两个季节相关性

季节 反照率产品	夏季		冬季	
	R	RMSE	R	RMSE
MODIS & MISR	0.955	0.017	0.934	0.024
MODIS & POLDER	0.966	0.019	0.878	0.045
MISR & POLDER	0.935	0.026	0.891	0.042

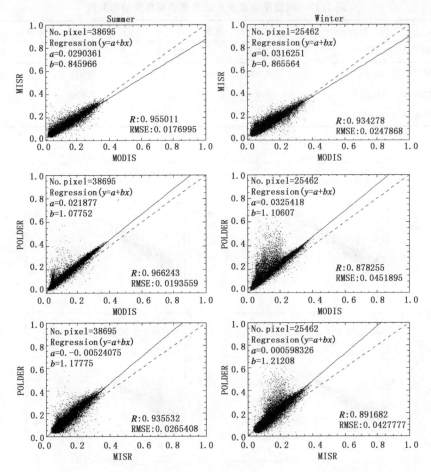

图 2.60　MISR、MODIS 和 POLDER 可见光黑空地表反照率(DHR_VIS)冬夏两季的散点图

在 865 nm 波段(图 2.61),三个产品的相关系数相对于短波和可见光波段都较小,这说明三个产品的窄波段反照率相差比较宽波段的大,对 MODIS 与 MISR,虽然夏季的相关系数稍小于冬季,但夏季的均方根误差比冬季小,MODIS 与 POLDER、MISR 与 POLDER 夏季的相关系数比冬季高,均方根误差比冬季小,详细的相关系数和均方根误差见表 2.19。

表 2.19　865 nm 波段黑空地表反照率冬夏季节的相关性与均方根误差

季节 反照率产品	夏季		冬季	
	R	RMSE	R	RMSE
MODIS & MISR	0.867	0.038	0.893	0.041
MODIS & POLDER	0.927	0.028	0.877	0.045
MISR & POLDER	0.837	0.042	0.828	0.052

从夏季和冬季的相关分析可以得到,三个产品在夏季的相关性要高于冬季,表明冬季受冰雪的影响较大,导致三个产品之间的相关性降低。

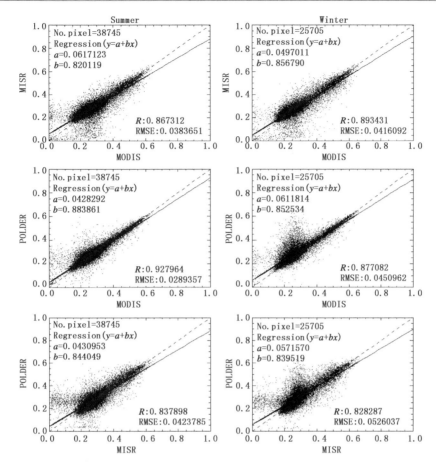

图 2.61　MODIS、MISR 和 POLDER 在 865 nm 波段冬夏两季的黑空地表反照率的散点图

2.4.2　地表反照率影响因子

作为地球表面对太阳辐射反射能力的量化指标,地表反照率主要受太阳高度角、下垫面状况、土壤湿度以及气象条件等因素的影响。

（1）太阳高度角的影响

地表反照率受太阳高度角的影响,主要是由于太阳辐射路径与太阳高度角相关。地表反照率随着太阳高度角增加而减小,当太阳高度角大于 40°时,地表反照率基本上趋于不变。晴天,由于太阳高度角越低地表反照率越大,典型的地表反照率日变化一般呈现 U 型,即正午地表反照率最低,而上午和下午略高并且对称,但研究发现地表反照率日变化存在一定的不对称性,可能是由于一天的地表含水量变化所致。

（2）下垫面状况对地表反照率的影响

首先,地表复杂多变,使得地表反照率差别很大,地表覆盖类型的季节变化直接导致了地表反照率的季节差异。通过遥感反演得到不同地物的反照率,鲍平勇等（2007）得出裸岩＞耕地＞河滩＞居民地＞草地＞林地＞裸土＞水体。冰雪面对太阳辐射具有较高的反照率,使入射的太阳辐射仅有少部分被冰雪所吸收,雪的反照率与雪的粒径、形状、密度、含水量、积雪厚度以及纯净度等物理属性有关,新雪的反照率最高,随着时间的推移,新雪会粒雪化,晶粒变形并不断变密实,粒径增大、污物增多、反照率也不断下降。

此外,地表是各向异性的,不存在单一的下垫面。植被指数反映了地表植被覆盖密度和土壤湿度等特征,其变化直接影响地表反照率。湿润地区,当植被覆盖率较低时,湿润的地表将占更大的权重,综合下来将减小地表反照率值。植被指数与地表反照率有一定的对应关系,高植被指数对应低的地表反照率,但当反映植被覆盖的归一化植被指数(NDVI)大于 0.5 后,地表反照率基本不随 NDVI 的变化而变化。地表粗糙度是一个与植被类型有关的、能够反映下垫面几何结构的参数,粗糙度大的地表起伏不平,对太阳辐射会产生多次反射,从而造成反照率减小,因而粗糙度可以反映地表反照率的变化特征,如粗糙度较小的农田和草地,反照率相对较大,而粗糙度较大的林地,其反照率在植被中相对较小。

(3)土壤湿度的影响

土壤湿度通过改变土壤的热性能而改变反照率,进而改变边界层地表的水热交换。研究指出,地表反照率与土壤表层含水量呈线性或指数关系。所有研究都表明,土壤湿度对地表反照率有重要影响,地表反照率随着土壤湿度的增加而降低,并且这种变化在土壤含水量小时更剧烈,原因可能是土壤水分越大土壤吸收的太阳短波辐射的比例越大,从而降低了地表反照率。

(4)气象条件

在不同的气象条件下,地表反照率存在明显的差异。当气温低于 0℃时,反照率随气温的降低而增大,且近于指数关系;当气温高于 0℃时,反照率随气温的变化不明显或不随气温变化;降水增加时,地表反照率有减小趋势,但增加到一定程度或降水持续一段时间之后,地表植被覆盖已经形成或裸土含水量已近饱和,地表反照率就基本保持不变。地表反照率日变化随天气条件而变化,晴天日变化曲线如"U"形,雨后晴天地表反照率的日变化先低后高,雪后晴天是先高后低,多云天日变化波动较大,阴天几乎没有日变化。当天空有云时,地面接收到的主要是散射辐射,由于直接辐射和散射辐射光谱性质存在差异,因而云会对地表反照率产生影响。

2.4.3　贵州地表反照率的时空分布

使用 MODIS 的地表反照率产品 MCD43B3 及其质量控制产品 MCD43B2,来分析贵州地表反照率的分布特征。MCD43B3 使用 Terra 和 Aqua 合成的数据,提供了当地午时 1~7(0.62~0.67,0.841~0.876,0.459~0.479,0.545~0.565,1.230~1.250,1.628~1.652 和2.105~2.155 μm)波段的黑空和白空反照率,以及拟合的可见光、近红外和短波波段的宽波段反照率(0.4~0.7, 0.7~3.0 和 0.4~3.0 μm),这里分析的是短波白空反照率(0.4~3.0 μm)。MCD43B3 的反照率值是通过 MCD43B1(双向反射分布函数—反照率模型参数)计算出来的。MCD43B2 存储的是 MCD43B3 的质量信息和冰雪情况下反演的信息,包括 1 km分辨率的 16 天数据。

(1)年平均分布特征

图 2.62 为贵州 2001—2015 年的年平均地表反照率,这里的年平均是从月平均计算来的,大部分地表反照率值在 0.10~0.15 之间,最大值(>0.16)、最小值(0.03)都出现在威宁地区,较小值(~0.1)出现在赤水及铜仁中部。

(2)季节平均分布特征

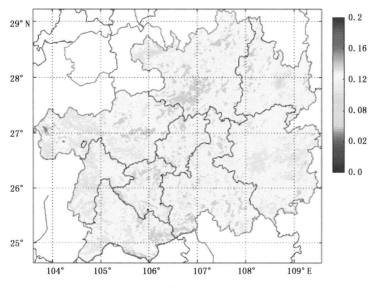

图 2.62 贵州年平均(2001—2015)地表反照率

图 2.63 为贵州 2001—2015 年的四个季节平均地表反照率分布图,这里的季节平均是从月平均计算来的,其中春季为 3 月、4 月和 5 月均值的平均,夏季为 6 月、7 月和 8 月均值的平均,秋季为 9 月、10 月和 11 月均值的平均,冬季为 12 月、1 月和 2 月均值的平均。由于贵州天空常年被云雾覆盖,特别是冬季大部分时间都被厚厚的云层覆盖,导致冬季几乎无法得到有效

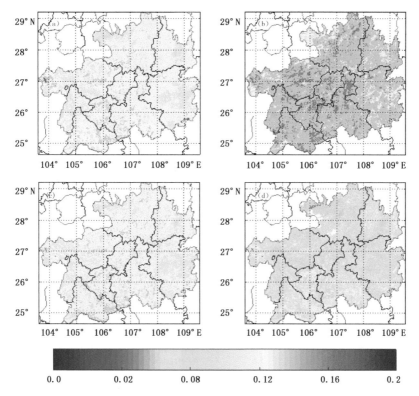

图 2.63 贵州季节平均(2001—2015)地表反照率,(a)、(b)、(c)、(d)分别为春、夏、秋和冬季

的数据,即便是计算 2001—2015 的多年平均,有效的数据仍然很少,有的季节有效值很少,也有部分缺值区。从图 2.63 中可以看出,四个季节的地表反照率在空间分布上差异较大,其中夏季最大,冬季最小,夏季整体在 0.12 以上,高值达到 0.2,且分布主要在中西部,反之,冬季整体在 0.12 以下,这与地表的季节变化有关;春秋分布较一致,高值区(0.14~0.19)主要分布在省的中部、西部边缘和南部,低值区(0.04~0.11)主要分布在省的东部、北部和西北部。

(3)月平均分布特征

图 2.64 为贵州 2001—2015 月平均地表反照率,这里 1—12 月平均分别是 2001—2015 年每年落到相应月份里的儒略日的均值(若离月末较近则算入下一个月),值得注意的是,即便是 15 年的数据平均,1 月、2 月、11 月及 12 月在贵州北部都出现了缺值区。从图 2.64 月平均分布图上可以看到,整体上 1—4 月及 10—12 月份较小,其他月份较大,且 7 月份整体上最大,但月均值的最大值并非出现在 7 月,而是出现在了 1 月份的威宁地区,达到了 0.229。

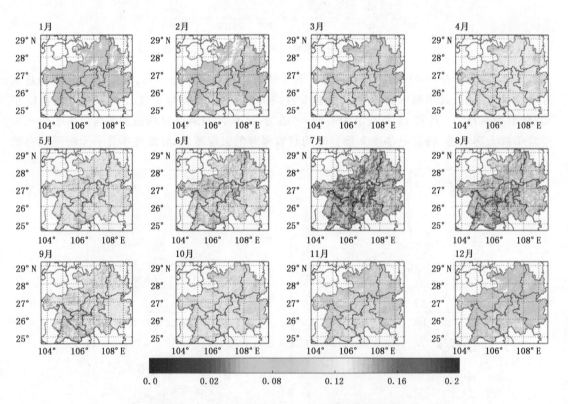

图 2.64 贵州月平均(2001—2015)地表反照率

第3章 生态环境遥感监测研究与应用

3.1 植被生长状况和作物长势遥感监测

应用气象卫星遥感信息对有植被覆盖的地表进行反演,是以其对选定波段太阳辐射的吸收和反射特征为基础的。植被的反射率与植被的种类、地面覆盖度、作物的生长发育、颜色以及所含水分有很大关系,对于绿色植物,其反射率决定于植物体内叶绿素和水的吸收,叶绿素在 $0.45~\mu m$ 和 $0.67~\mu m$ 附近有强烈吸收,在 $0.55~\mu m$ 处有一弱反射峰,在近红外区则有一高反射峰,形成光谱区域的叶绿素陡坡效应,不同的植物,同一植物的不同生长阶段,有不同的陡坡效应。植被长势的好坏反映在光谱反射率上,长势好,红外反射率增加,陡坡效应越明显。NOAA 极轨气象卫星的 AVHRR 第一通道(CH1)和第二通道(CH2)光谱波段分别为 $0.58~\mu m$ 和 $0.725\sim 1.10~\mu m$,地球观测卫星 EOS 的 MODIS 第一通道和第二通道光谱波段分别为 $0.62\sim 0.67~\mu m$ 和 $0.841\sim 0.876~\mu m$,对应于植被光谱的反射低谷和反射高峰。CH2 是植被遥感最理想的通道,但由于太阳高度角、卫星扫描角、大气削弱等诸方面影响,只用 CH2 的反射率遥感植被状况误差很大,理论和实践证明,采用双通道数据的各种组合得到的植被指数既能部分消除这些影响,又加强了植被信息。目前定义的植被指数有归一化植被指数、比值植被指数、差值植被指数、均方根植被指数等,其中归一化植被指数是国际上通用的植被指数,其定义式为:

$$NDVI = (CH2 - CH1)/(CH2 + CH1) \tag{3.1}$$

地物除了植被外,一般还可分为水体、土壤以及云等,它们在可见光和近红外波段的光谱特性是区分它们的依据,水体在 CH1 可见光波段吸收较小,反射率较高,而在 CH2 近红外波段反射率几乎降为零,即全部被吸收,CH2 - CH1 < 0,NDVI 值为负。云在 CH1、CH2 波段几乎是均匀的漫反射,两通道的反射率很接近,NDVI 值几乎为零。城镇地表的反射率与沙地的反射率接近,CH1 波段略高,CH2 波段略低,NDVI 值接近零。而植被在两波段上有陡坡效应,NDVI 值大于零,并且随植被长势的变化和种类的不同而变化。土壤在 CH1、CH2 波段上的反照率也随波长增加而增加,但与绿色植被也存在一定的区别,一般情况下 NDVI 值比绿色植被的小。因此,NDVI 值可作为有无植被及植被生长好坏的判据。也可用来大致区分各种林地及作物地。

3.1.1 贵州植被的年代际变化和空间分布特征

3.1.1.1 植被图的处理

对卫星植被图的处理分析包括:

(1)噪声点判识,为了去除由于卫星信号接收过程中丢线和误码所造成的噪声,利用傅立叶卷积运算对噪声点像元进行处理。

（2）滤波处理，一般情况下，植被指数的变化是缓慢的，但由于受云等因素的影响，植被指数往往会有跳变现象。对此，采用空间或时间尺度的滤波处理是必要的，通常采用时间尺度上的滤波，如五点中值滤波。

（3）植被图的几何精校正

遥感图像预处理的定位处理是针对接收的整条轨道而言，采用的是 500 m 分辨率的全国卫星遥感地标数据库。但由于 NOAA 和 EOS 卫星每条轨道的扫描宽度达 2000 多千米，图幅范围很大，即使经过了定位处理，具体到贵州地区，也可能有几个像元之差，还需要对图像进行精校正，方法是将 GPS 采集的地面控制点和贵州地理信息河流数据与遥感图上相应叠加，调整位置后重新写入经纬度信息，读取图像数据时采用 3×3 像元平均值的方法剔除由于其他原因产生的像元变形误差，校正后均方根误差控制在 1 个像元之内。

（4）旬、月植被指数 NDVI 合成，旬、月 NDVI 采用最大值合成法，并对气溶胶的影响进行大气校正，以进一步消除云、大气、太阳高度角等因素对数据的干扰，如公式：

$$NDVIi = max(NDVIij) \tag{3.2}$$

式中 NDVIi 是第 i 旬（月）的 NDVI 值，NDVIij 是 i 旬第 j 天的 NDVI 值（或 i 月第 j 旬的 NDVI 值）。

（5）云检测，公共晴空区的提取。针对 NOAA/AVHRR 和 EOS/MODIS 分别确立云的判识条件：

NOAA/AVHRR：CH1＞Va1 AND CH2−CH1＜Va21

EOS/MODIS：CH1＞Va1 AND CH2−CH1＜Va21 AND CH31＜Va31

Va1、Va21、Va31 分别为可调阈值，CH 代表卫星通道，后面数字代表通道序号（以下同），当条件同时满足的时候该像元判识为云。以两时次滤云为例，将一张云覆盖较少的图像作为基图 a，将另一张有云覆盖的图像 b 与之合成，滤云规则为：

①两时次资料以像元为单位挑取无云区合成。

②在植被覆盖区，如果 b 图中的植被指数大于 a 图中的植被指数，则将 a 图中的像元替换。

③如果 b 图中的水域信息比 a 图明显，则将 a 图中的像元替换。

④如果判断 a 图中的像元在云区，则直接用 b 图中的像元替换，这条规则只在夜间时次适用。

对于 CH1，云顶反照率很高，云与陆地之间有明显的界线，设为 D0，由于云的薄厚、高低、季节的不同，D0 值是变化的，根据实际情况确定。将 a 图和 b 图序号以通道号后的下标表示，用类程序语言对滤云算法描述如下：

白天资料滤云提取算法：

如果 CH1$_b$＜D0，那么进行如下操作：

如果 CH2$_b$−CH1$_b$＞0，并且 CH2$_a$−CH1$_a$＜CH2$_b$−CH1$_b$ 那么 CH4$_a$＝CH4$_b$；

如果 CH1$_b$−CH2$_b$＞0，并且 CH1$_a$−CH2$_a$＞CH1$_b$−CH2$_b$ 那么 CH4$_a$＝CH4$_b$。

夜间资料滤云提取算法：

如果 CH4$_b$＜273K，那么 CH4$_a$＝CH4$_b$。

在冬季夜间，高原地区温度有时和云顶温度差不多，很难区分，所以上述条件不适用于冬季。

以上是以两时次滤云为例简述了滤云规则和算法实现,在进行多时次滤云时,先对两个时次资料进行滤云合成,将其结果作为一个时次再与其余时次资料两两合成。

3.1.1.2　典型植被类型的年代际变化和空间分布

采用 1988 年以来 NOAA 系列气象卫星 1 km 遥感图像合成的 7 月逐旬植被指数和 1982 至 2003 年中国区域 8 km 数据集产品,生成贵州全省植被逐年变化及空间分布相应图集,分析贵州全省植被的年代际变化和空间分布特征信息,提取贵州的主要植被类型如森林、草地、作物地以及生态退化(石漠化)等代表区作为感兴趣区进行数值分析。

图 3.1 选列出了"夏季 7 月植被图集"中一些代表年的植被指数,以反映贵州植被状况的变迁,图中植被指数为无量纲数,最大为 1,最小为 −1,值越高代表植被生长越好。

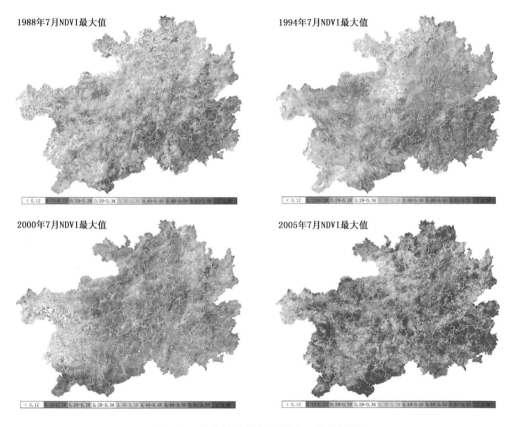

图 3.1　代表年贵州全省夏季 7 月植被图

(1) 石漠化典型区植被年际变化

喀斯特石漠化是在喀斯特脆弱生态环境下,人类不合理的社会经济活动,造成人地矛盾突出、植被破坏、水土流失、岩石逐渐裸露、土地生产力衰退丧失,地表在视觉上呈现类似于荒漠景观的演变过程。贵州是中国乃至世界热带、亚热带喀斯特分布面积最广、发育最强烈的喀斯特高原山区。全省面积 17.6167 万 km²,境内碳酸岩出露面积达 13 万 km²,占贵州省国土面积的 73.3%。在贵州省的 87 个(县、市、区),有喀斯特分布的县 83 个,占全省总县市的 95% 左右,全省有 94.6% 的人居住在喀斯特地区。由于喀斯特环境的特殊性及人类不合理活动的影响,使贵州喀斯特地区的土壤侵蚀日趋严重,许多陡坡地段的地表土层流失殆尽,出现了连片的裸露石山和半裸露石山景观,即石漠化,直接威胁到居民的生存环境。

石漠化是贵州主要生态问题之一。贵州喀斯特石漠化加深了生态环境的进一步恶化,石漠化不断吞噬土地,土地生产力下降,环境容量减少,人畜饮水困难,极大地影响着当地居民的生存条件,给人类生存造成新的威胁,成为贵州生态环境建设和经济社会发展面临的一大难题。

针对生态退化和石漠化地区植被进行遥感年际变化动态监测,我们调查了省内强度、极强度石漠化地区,选取了 5 个常年晴空典型石漠化区域作为感兴趣区进行矢量化(见表 3.1),分析其 1988—2005 年 7 月多年植被覆盖特征(图 3.2)。

表 3.1　贵州 5 个典型石漠化区域基本信息

序号	典型石漠化区域	所在地州	所在县	中心纬度(N)	中心经度(E)	石漠化程度
1	兴仁典型石漠化区	黔西南州	兴仁	25°5′7″	105°17′10″	强度及极强度石漠化
2	水城典型石漠化区	六盘水市	水城	26°30″	105°2′20″	中度石漠化
3	普安典型石漠化区	黔西南州	普安	26°45″	105°9′12″	强度及极强度石漠化
4	安顺典型石漠化区	安顺市	安顺市	25°6′31″	105°1′27″	强度及极强度石漠化
5	望谟典型石漠化区	黔西南州	望谟县	25°5′41″	106°1′52″	强度及极强度石漠化

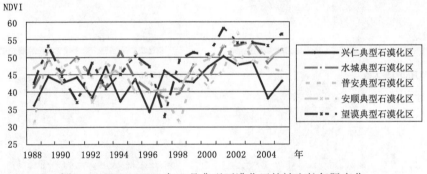

图 3.2　1988—2005 年 7 月典型石漠化区植被生长年际变化

从图 3.2 中 5 个典型石漠化地区植被生长状况总的趋势来看,1988 年至 2005 年间均呈上升趋势,其中 1995 年至 1998 年为植被生长低值阶段,1999 年后处于平稳上升阶段,植被状况改善较为明显。从植被生长多年平均来看,望谟典型石漠化区改善最为明显,植被生长状况最好,NDVI 平均值在 0.48 以上,兴仁典型石漠化区最差,NDVI 平均值在 0.43,其余中等,NDVI 平均值处于 0.45~0.47。

黔西南州兴仁县土壤侵蚀面积占 41.56%。喀斯特面积占 66.1%,石漠化面积占40.33%,选取境内一强度及极强度石漠化地区,分析其植被生长年际变化。1988 年至 2005 年间 7 月兴仁典型石漠化地区植被生长状况总的呈上升趋势,NDVI 值平均为 0.43。其中1991 年至 1996 年植被生长处于低值阶段,植被生长各年间起伏也比较大,NDVI 最低值 0.34出现在 1996 年,1997 年后植被状况改善较为明显,处于平稳上升阶段,至 2001 年达到最高值0.50 后有一下降趋势,2005 年又开始回升。

六盘水水土流失面积占 59.2%。喀斯特面积占 63.8%,石漠化面积占 43.31%。1988 年至 2005 年间 7 月水城典型石漠化地区植被生长状况总的呈上升趋势,NDVI 值平均为 0.46。

其中 1992 年至 1998 年植被生长处于低值阶段,植被生长各年间起伏也比较大,NDVI 最低值 0.38 出现在 1997 年,1999 年后植被状况改善较为明显,处于平稳上升阶段,至 2003 年达到最高值 0.54 后有一下降趋势,2005 年又开始回升。

　　黔西南州普安县土壤侵蚀面积占 43.58%。喀斯特面积占 65.2%,石漠化面积占 32.91%。1988 年至 2005 年间 7 月普安典型石漠化地区植被生长状况呈弱的上升趋势,ND-VI 值平均为 0.45。其中 1989 年至 1995 年植被生长状况较好,1996 年至 2000 年植被生长处于低值阶段,植被生长各年间变动也比较大,NDVI 最低值 0.31 出现在 1998 年,2001 年后植被状况逐渐改善,至 2002 年达到最高值 0.57 后又逐渐下降,2004 年、2005 年降低比较小。

　　安顺市境内水土流失面积占 22.94%。喀斯特面积占 85.5%,石漠化面积占 30.68%。1988 年至 2005 年间 7 月安顺典型石漠化地区植被生长状况总的呈上升趋势,NDVI 值平均为 0.46。其中 1995 年至 1998 年植被生长处于低值阶段,NDVI 最低值 0.37 出现在 1992 年,1999 年后植被状况改善较为明显,逐年呈波动上升,至 2003 年达到最高值 0.54。

　　黔西南州望谟县土壤侵蚀面积占 43.75%。喀斯特面积占 49.1%,石漠化面积占 6.48%。1988 年至 2005 年间 7 月望谟典型石漠化地区植被生长状况总的呈上升趋势,NDVI 值平均为 0.48。其中 1990 年至 1997 年植被生长处于低值阶段,植被生长各年间起伏也比较大,NDVI 最低值 0.33 出现在 1997 年,1998 年后植被状况改善较为明显,处于平稳上升阶段,至 2001 年达到最高值 0.58 后有一下降趋势,2005 年又开始回升。

　　(2)灌木草坡植被生长年际变化

　　选取了省内思南、沿河、德江、毕节 4 个典型灌木草坡为代表,分析其 1988—2005 年 7 月多年植被覆盖特征(图 3.3)。

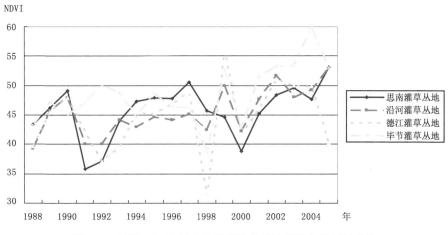

图 3.3　1988—2005 年 7 月典型灌木草坡植被生长年际变化

　　从图 3.3 中 4 个典型灌木草坡植被生长状况总的趋势来看,1988 年至 2005 年 7 月均呈较为明显的上升趋势,植被状况改善较为明显。从植被生长多年平均来看,毕节县境内的灌木草坡植被生长状况最好,NDVI 平均值在 0.48 以上,其余均在 0.45 左右。

　　思南县水土流失面积占 49.33%。喀斯特面积占 69.5%,在石灰岩丘陵地区常有藤刺灌丛以及禾本科草坡等植被类型。1988 年至 2005 年间 7 月思南县灌木草坡植被生长状况起伏较大,总的呈上升趋势,NDVI 值平均为 0.46,至 2005 年 NDVI 达最高值 0.53,最低值 0.36

出现在 1991 年。

　　沿河县境内水土流失面积占 64.65%。喀斯特面积占 72.6%,1988 年至 2005 年间 7 月沿河县灌木草坡植被生长状况总的呈平稳的波动上升趋势,NDVI 值平均为 0.45,至 2005 年 NDVI 达最高值 0.53,最低值 0.39 出现在 1988 年。

　　德江县水土流失面积占 54.01%。喀斯特面积占 66.2%,主要为石灰岩藤刺灌丛以及乔本科草坡等植被类型。1988 年至 2005 年间 7 月德江县灌木草坡植被生长状况起伏较大,总的呈上升趋势,其中 1998 年 7 月受云的干扰,NDVI 值不能反映地表的实际状况,其余年份 NDVI 值平均为 0.45,NDVI 最高值 0.56 出现在 1999 年,最低值 0.37 出现在 1992 年。

　　毕节市土壤侵蚀面积占 65.58%。喀斯特面积占 69.7%,1988 年至 2005 年间 7 月毕节市灌木草坡植被生长状况总的呈较为平稳的波动上升趋势,NDVI 值平均为 0.48,至 2004 年 NDVI 达最高值 0.60,最低值 0.39 出现在 1988 年。

　　(3)森林植被年际变化

　　调查了省内典型森林植被下垫面,选取习水北部边缘林区、雷公山、梵净山为代表,分析其 1988—2005 年 7 月多年植被覆盖特征(图 3.4)。

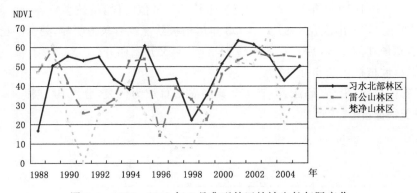

图 3.4　1988—2005 年 7 月典型林区植被生长年际变化

　　由于森林特有的调节空中水汽、涵养水源的作用,尤其在夏季这种作用特别明显,使得夏季森林上空常常为云覆盖,表现在植被指数图上,常常为白色的云区或植被低值区,从时间序列图上也可看出许多年份植被指数明显偏低甚至为零,很难反映出林区植被生长的年际变化,但从图中森林植被生长状况总的趋势来看,1988 年至 2005 年间 7 月 3 个林区均呈上升趋势。从作物生长多年平均来看,习水北部林区植被生长状况最好,雷公山林区次之,梵净山林区稍差。

　　习水北部边缘林区植被为亚热带常绿阔叶林,有栲、青冈栎、石栎及樟科种类构成常绿樟栎林,森林植被保存较好。1988 年至 2005 年间 7 月习水北部边缘林区植被生长状况总的呈上升趋势。其中 1988 年、1994 年、1998 年、1999 年受云干扰,不能反映其植被生长实际状况,其余年份 NDVI 至 2002 年达到最高值 0.62 后有一下降趋势,2005 年又开始回升,最低值 0.43 出现在 2004 年。

　　雷公山林区至今尚有保存完好的原始森林,1988 年至 2005 年间 7 月雷公山林区植被生长状况总的呈上升趋势。其中 1991 年、1992 年、1993 年、1996 年、1997 年、1998 年、1999 年受云干扰,不能反映其植被生长实际状况,其余年份 NDVI 最高值 0.60 出现在 1989 年,最低值

0.41 出现在 1990 年。

梵净山林区位于江口、印江、松桃三县交界处。1988 年至 2005 年间 7 月梵净山林区植被生长状况总的呈上升趋势。其中大部分年份受云干扰,不能反映其植被生长实际状况,但从图中可看出 2000 年后梵净山林区植被改善很大,至 2003 年达 NDVI 最高值 0.67,也是 3 个林区中的最高值。

3.1.1.3　作物生长年际变化及小波周期分析

7 月正是秋粮(水稻、玉米)生长旺季,这一时期的植被指数综合反映了与水稻、玉米产量形成有关的植株形态、分蘖数、株密度、冠层叶面积指数等性态因子,如遇干旱还可反映出作物缺水的程度,因此,这一时期是贵州作物生长状况遥感动态监测的关键期。选取各地州代表作物地进行分析,为了兼顾代表性和减小云的影响,选取的作物地面积适中,以种植水稻为主,其基本信息见表 3.2。

表 3.2　选取的作物地基本信息

序号	所在地州	所在县	所在乡镇	海拔(米)	主要种植作物
1	毕节地区	金沙县	禹谟镇、城关镇	1086	水稻、玉米、小麦、油菜
2	黔东南州	黎平县、锦屏县	敖市镇、隆里乡、钟灵乡	443	水稻、油菜、小麦
3	六盘水市	六枝特区	郎岱镇	1369	水稻、玉米、油菜、小麦
4	遵义市	绥阳县	风华镇	879	水稻、小麦、玉米、油菜
5	黔西南州	兴义市	桔山街道办事处	1141	水稻、小麦、玉米、油菜
6	铜仁地区	松桃县	普觉镇、寨英镇	466	水稻、油菜、玉米
7	安顺市	平坝县	·羊昌乡	1253	水稻、玉米、油菜
8	黔南州	惠水县	高镇镇、和平镇、三都镇、好花红乡	965	水稻、玉米、油菜

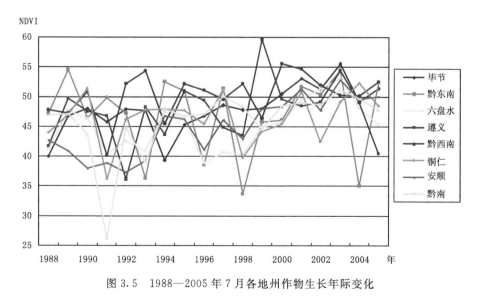

图 3.5　1988—2005 年 7 月各地州作物生长年际变化

从图 3.5 中作物生长状况总的趋势来看,1988 年至 2005 年间除黔东南州作物呈微微下降趋势外,其余地州作物均呈上升趋势。从作物生长多年平均来看,黔西南州、毕节、遵义作物生长状况最好,NDVI 平均值在 0.47 以上,六盘水和黔南最差,NDVI 平均值在 0.45 以下,其余中等,NDVI 平均值处于 0.45～0.47。

毕节作物地 1988 年至 2005 年间 7 月作物生长状况呈平稳上升趋势,平均为 0.47。NDVI 值从 1988 年的 0.40 上升到 2003 年的 0.56,其间 1994 年有一个较大的短暂回落,2003 年达到最高值后有一下降趋势,2005 年又开始回升。黔东南州作物生长状况变动很大,总的呈一个弱的下降趋势,平均为 0.46,其中 1993 年、1996 年、1998 年和 2004 年为低值年,NDVI 值在 0.40 以下,其余年份 NDVI 值均在 0.45 以上,最高值 0.55 出现在 2003 年。六盘水市六枝特区作物生长状况呈上升趋势,平均为 0.45,NDVI 值从 1988 年的 0.41 上升到 2003 年的 0.53,2003 年达到最高值,最低值 0.39 出现在 1996 年。遵义市绥阳县作物生长状况变动很大,总的呈上升趋势,平均为 0.47,NDVI 最低值 0.36 出现在 1992 年,最高值 0.60 出现在 1999 年,2003 年后 NDVI 持续降低。黔西南州兴义市作物生长状况呈波动上升,平均为 0.50,NDVI 最低值 0.40 出现在 1991 年,最高值 0.56 出现在 2000 年,2000 年后 NDVI 持续降低,2005 年开始回升。铜仁地区松桃县作物生长状况变动很大,总的呈上升趋势,平均为 0.46,NDVI 最低值 0.36 出现在 1991 年,最高值 0.52 出现在 2004 年。安顺市平坝作物生长状况呈明显上升趋势,平均为 0.45,NDVI 最低值 0.37 出现在 1992 年,最高值 0.53 出现在 2003 年。黔南州惠水县作物地除 1991 年受云干扰无法获取地表实际状况外,其余年份作物生长状况呈上升趋势,平均为 0.46,NDVI 最低值 0.39 出现在 1993 年,最高值 0.51 出现在 2003 年。

在此基础上,运用小波分析方法寻求作物地植被指数值的周期变化。小波变换是 20 世纪 80 年代后期发展起来的新数学分支,它是 Fourier 变换的发展与扩充,在一定程度上克服了 Fourier 变换的弱点与局限性。通过对信号进行小波变换得到的小波系数是时间位置和尺度(或频率)两个方向上的二维函数,就是把一维图像变换成二维图像,保持着信号中存在的局域性(崔锦泰,1997)。

首先引入一个基本小波或母小波函数 $\psi(t)$,它具有两个性质:

(1)具有"窗口"的作用,在有限区间外恒等于零或很快地趋近于零。

(2)$\psi(t)$ 的函数值必须正负交替具有波动的特点,即 $\int_{-\infty}^{+\infty} \psi(t)\mathrm{d}t = 0$

则信号 $f(t)$ 的连续小波变换为:

$$f(t) \rightarrow W_f(\tau,\alpha) = \frac{1}{\sqrt{|\alpha|}} \int_{-\infty}^{+\infty} f(t) \overline{\psi\left(\frac{t-\tau}{\alpha}\right)}\mathrm{d}t \tag{3.3}$$

式中,τ 是时间参数,称为平移因子,起着将"窗口"平移的作用,实际计算中相当于时间坐标。α 称为尺度因子,反映了小波的周期长度,$1/\alpha$ 相当于频率。α 增大时,小波周期延长,小波在完全相似下被"拉伸";α 减小时,小波周期缩短,小波在完全相似下被"压缩"。由此可见,变换系数 $W_f(\tau,\alpha)$ 能同时反映时域参数 τ 和频域参数 α 的特性,这样通过分析二维 $W_f(\tau,\alpha)$ 图像得到原信号变化的特征。

对于在某时间域上给出的长度为 N 离散数据序列:$f(i\Delta t)=x_i, i=1,2,\cdots\cdots,N$,$\Delta t$ 为数据时间间隔,进行小波变换时,把上式的积分变成:

$$f(t) \rightarrow W_f(\tau,\alpha) = \frac{1}{\sqrt{|\alpha|}}\Delta t \sum_{i=1}^{N} f(i\Delta t) \overline{\psi\left(\frac{i\Delta t - \tau}{\alpha}\right)} \tag{3.4}$$

本研究要分析的时间序列 $D(t_i)$ $(i=1,2,\cdots\cdots,18)$ 的长度为 18 年。为了尽可能全面地反映时间序列中的细节,小波的最大尺度按下式计算(Christopher et al.,1998):

$$a_{\mathrm{MAX}} = \delta j^{-1}\log_2\left(\frac{N\delta t}{s_0}\right) \tag{3.5}$$

对于基本小波 $\psi(t)$,本研究选用 Morlet 小波,由正弦和余弦波的振幅波被高斯函数调节产生而成,表示成复小波:

$$\psi(t) = \mathrm{e}^{i\omega_0 t}\mathrm{e}^{-\frac{t^2}{2}} = \mathrm{e}^{-\frac{t^2}{2}}\cos\omega_0 t + i\mathrm{e}^{-\frac{t^2}{2}}\sin\omega_0 t \tag{3.6}$$

对贵州 9 个地州代表作物地 1988 年至 2005 年 NDVI 序列分别进行处理计算,绘出各区域的小波变换波幅图 3.6,各图的横轴代表时间序列(单位:年),纵轴分别代表各地州的小波周期。

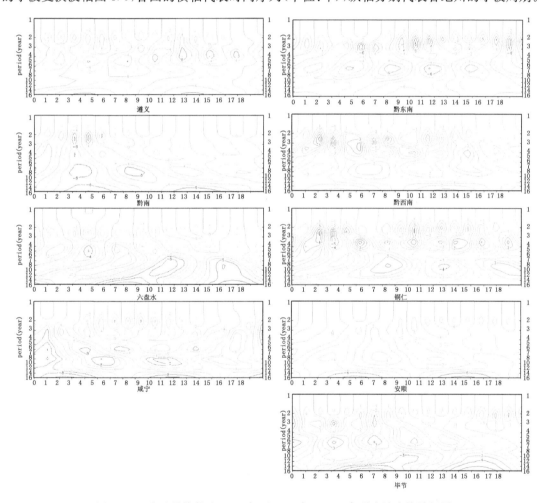

图 3.6　9 个地州作物地 1988 年至 2005 年 NDVI 序列小波变换波幅图

从图 3.6 的作物地的波幅图看,周期在 2 年以上的波动在各州都有不同程度的发展,在某些地州出现显著的正负相间的振荡形式。周期为 2 至 3 年的高频波除了安顺的前期,黔南州的后期以及威宁的部分年份发展不显著外,在其余各州都有不同程度的发展,其中黔东南、黔西南、铜仁小波波幅强度最大,发展最为显著。低频波部分,各地州小波周期和振幅表现出很大的差异,周期范围在 5～10 年,以黔东南州的周期为 6 年的波动最为明显,强度最强。分别对比植被图的 NDVI 时间序列,各州低频波波幅值为负的时段对应着 NDVI 的低值期,波幅值为正的时段对应 NDVI 的高值期,且小波波幅的绝对值与 NDVI 变化幅度呈正比,波幅较强的 NDVI 值变化也较大。由此根据低频波波幅中心振荡的时间间隔可以清晰地划分 NDVI 高值及低值时期并进行外推,对 NDVI 的变化趋势做出预测,而由高频波的波幅中心,能很好地识别出隐藏在长时间尺度中的 NDVI 值的短时特征。

3.1.1.4　秋粮生长季逐旬年际变化

采用 AVHRR 8 km 遥感数据,在秋粮生长季 4 月至 8 月,逐旬分析处理各地州代表作物地 1990—2001 年作物生长年际变化(图 3.7),并与产量资料进行了相关分析,同时生成了各地州代表作物地历年秋粮生长季植被指数逐旬平均值、最大值、最小值指标图集(图 3.8)。

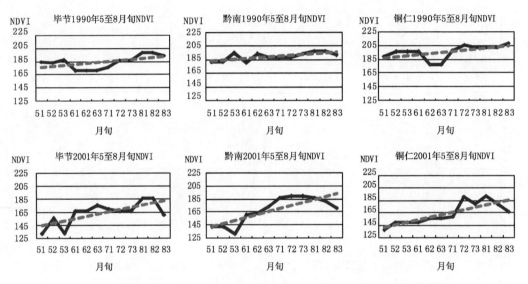

图 3.7　作物地 1990 年—2001 年 5 月上旬至 8 月下旬 NDVI 时间序列图
(以毕节、黔南、铜仁 1990 和 2001 年 NDVI 为例,实线:NDVI,虚线:趋势线)

从图 3.8 的春夏 NDVI 时间序列图集可看出,在大多数年份的秋粮生长季,NDVI 值呈 S 形曲线分布,与水稻生长特点很一致。5 月上中旬坝区水稻一般处于秧田期,曲线图上 NDVI 值逐渐升高,5 月下旬至 6 月中旬有一个低谷,此时正值水稻移植到返青期,返青期后水稻处于旺盛生长阶段,表现为图中 6 月下旬至 7 月上旬 NDVI 值迅速升高,7 月中下旬达到峰值并出现饱和,8 月中下旬随着水稻开始成熟,NDVI 值又开始降低。

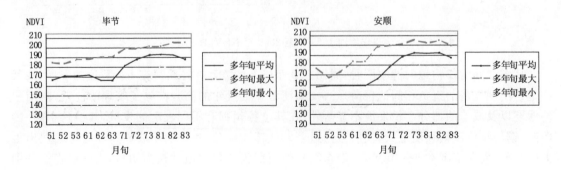

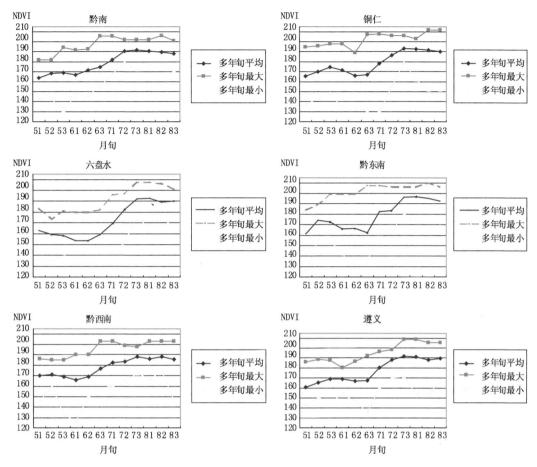

图 3.8　作物地 5 月上旬至 8 月下旬 NDVI 指标值

（1990—2001 年旬平均、最大、最小值）

　　将各地州 1990 年至 2001 年水稻单产与代表作物地历年 5 月上旬至 8 月下旬逐旬 NDVI 值进行相关分析，获得的相关系数见表 3.3，显著性检验值见表 3.4。

表 3.3　水稻单产与生长季逐旬 NDVI 值的相关系数

时段	安顺	毕节	六盘水	黔东南	黔南	铜仁	黔西南	遵义
5 月上旬	−0.18	−0.188	−0.411	−0.149	−0.218	−0.035	0.033	−0.219
5 月中旬	−0.258	−0.554（＊）	−0.342	−0.374	−0.457	0.022	0.303	−0.354
5 月下旬	−0.503（＊）	−0.566（＊）	−0.269	−0.767（＊＊）	−0.530（＊）	−0.161	−0.15	−0.449
6 月上旬	0.172	−0.117	−0.262	−0.487	−0.246	−0.296	0.202	−0.116
6 月中旬	−0.005	0.052	−0.229	−0.12	−0.317	−0.277	0.223	−0.146
6 月下旬	0.188	0.147	−0.222	−0.363	−0.388	−0.318	0.169	−0.128
7 月上旬	0.156	−0.308	−0.571（＊）	−0.578（＊）	−0.123	−0.255	0.015	−0.117
7 月中旬	0.516（＊）	−0.32	−0.361	−0.49	0.407	−0.099	0.182	0.05
7 月下旬	0.492	−0.143	−0.138	0.23	0.049	0.123	0.141	0.081
8 月上旬	0.379	−0.222	0.091	0.133	−0.122	0.315	0.29	0.188
8 月中旬	0.405	−0.146	−0.002	0.136	−0.028	0.282	0.062	0.136
8 月下旬	0.367	0.081	0.172	−0.02	0.186	0.111	−0.008	0.125

表 3.4　水稻单产与其生长季逐旬 NDVI 值相关系数显著性检验值

时段	安顺	毕节	六盘水	黔东南	黔南	铜仁	黔西南	遵义
5 月上旬	0.288	0.28	0.092	0.322	0.248	0.457	0.46	0.247
5 月中旬	0.209	0.031	0.138	0.115	0.068	0.473	0.169	0.13
5 月下旬	0.048	0.028	0.199	0.002	0.038	0.308	0.321	0.071
6 月上旬	0.296	0.358	0.206	0.054	0.22	0.175	0.264	0.36
6 月中旬	0.493	0.437	0.237	0.355	0.158	0.192	0.243	0.325
6 月下旬	0.279	0.325	0.244	0.123	0.106	0.157	0.3	0.346
7 月上旬	0.314	0.165	0.026	0.025	0.351	0.212	0.482	0.358
7 月中旬	0.043	0.156	0.125	0.053	0.094	0.38	0.285	0.438
7 月下旬	0.052	0.328	0.334	0.237	0.44	0.352	0.332	0.401
8 月上旬	0.112	0.244	0.389	0.34	0.353	0.159	0.181	0.279
8 月中旬	0.096	0.326	0.498	0.337	0.466	0.187	0.424	0.336
8 月下旬	0.121	0.401	0.297	0.476	0.281	0.366	0.49	0.349

表 3.3 中 * 表示通过 0.05 的相关显著性检验，** 表示通过 0.01 的相关显著性检验。从表 3.3、表 3.4 中可看出，各地州水稻单产与代表作物地生长季前期（7 月上旬以前）的 NDVI 值呈负相关，与生长季后期（7 月中旬以后）的 NDVI 值呈负相关，其中安顺、毕节、六盘水、黔东南、黔南水稻产量与其代表作物地旬 NDVI 值关系较为明显，与 5 月下旬的 NDVI 值相关关系有 4 个地州通过了相关显著性检验，铜仁、黔西南、遵义水稻产量与其代表作物地 NDVI 值没有明显的相关关系。

3.1.2　基于 MODIS 数据的水稻长势监测与产量估算

本研究利用多时相的 MODIS 数据，采用遥感和地理信息系统（GIS）技术，建立多云雨地区复杂地形条件下水稻长势监测与产量估算的遥感方法，以此探讨 MODIS 数据在黔东南水稻遥感估产中的可行性，并为贵州省乃至西南地区大范围的农作物遥感估产研究提供参考。

3.1.2.1　数据与方法

本研究使用的植被指数（NDVI）数据来自于贵州省气象局接收的 Terra 卫星的 MODIS_L1B 数据，时间范围为从 2009 年 4 月 1 日到 2009 年 10 月 31 日，单位为天。以 ENVI 软件为平台，生成覆盖黔东南州 17 个县的像元分辨率为 500 m×500 m 的 NDVI 产品。

（1）生长季内 NDVI 曲线绘制

ENVI 打开.ld2 文件时需要通过该文件获取文件头信息。考虑到全部文件约有 30 天 7 个月 200 多个文件，单独设置不可行，因此编写 IDL 批处理程序。然后将.ld2 文件转换成 ENVI 的内部文件格式.img，执行区域统计，得到分区域的 NDVI 统计值如均值、最大值和最小值等。上一步的操作，只是 ENVI 可以读取，但不能做统计。同样因为数据量大，编写 IDL 批处理程序。

最后，在 ENVI 环境中做统计分析（Zonal Statistics），得到每个县 4 月 1 日—10 月 31 日期间每一天的 NDVI 平均值。考虑到云雨天气对 NDVI 的影响，在统计处理中剔除了云雨天气对应日期的数据。选取 4 月到 10 月的 NDVI 数据，分别用黔东南州 16 个县的行政边界做掩模计算，提取 16 个县从 4 月 1 日到 10 月 31 日的 NDVI 均值、最大值、最小值和标准差。通过分析数据的统计特征,剔除不合理的数据;选择以半月为单位计算其平均的 NDVI 值,得到每个县份上的水稻生长期内的 14 个 NDVI 样本。同样编写 IDL 批处理程序进行批处理。

通过绘制生长季内 NDVI 曲线,结合其物候可监测水稻长势。各县的 NDVI 曲线图如图 3.9 所示。

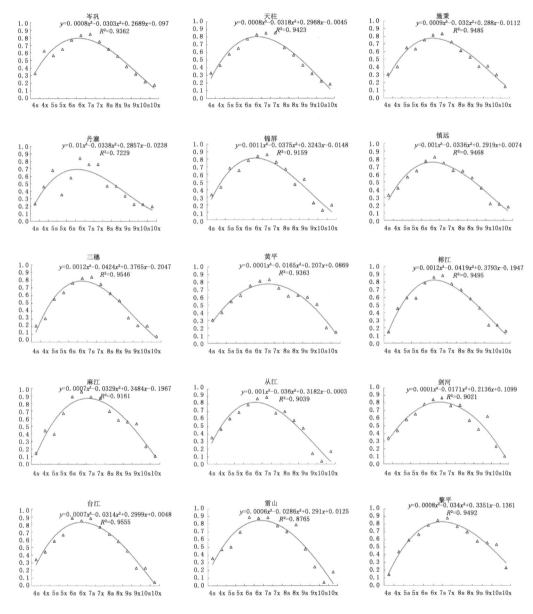

图 3.9　黔东南州各县水稻生长季内的 NDVI 曲线

（2）地形数据处理

①DEM 预处理

数据检查,包括对 DEM 的质量、完整性等进行检查;数据转换:对 DEM 不符合调查要求的数据格式、坐标系统、高程基准、投影带等进行转换。对经过质量检查的 DEM 数据,利用黔东南州的行政边界图进行剪裁分级处理,得到黔东南州的地表高程分级专题图。

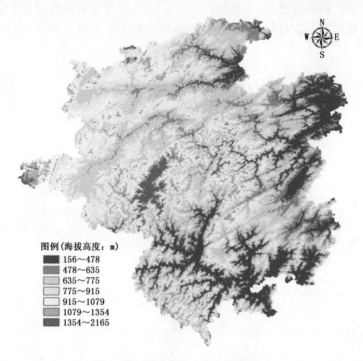

图例(海拔高度: m)

■ 156~478
■ 478~635
■ 635~775
□ 775~915
□ 915~1079
■ 1079~1354
■ 1354~2165

图 3.10　黔东南州地表高程分级图

②坡度、坡向计算

坡度(Slope)和坡向(Aspect)作为描述地形特征信息的两个重要指标,不但能够间接表示地形的起伏形态和结构,还可利用它们参与地表覆被分类。为了结合 DEM 数据提取水稻种植面积,需利用 DEM 数据的衍生产品,即坡度和坡向信息来进行辅助遥感分类。

理论上,地表上某点的坡度 S、坡向 A 是地形曲面函数 $Z=f(x,y)$ 在东西、南北方向上高程变化率的函数。即:

$$\text{Slope} = \arctan \sqrt{f_x^2 + f_y^2} \tag{3.7}$$

$$\text{Aspect} = 270 + \arctan(f_x/f_y) - 90 \times f_x / \mid f_y \mid \tag{3.8}$$

式中,f_x 是南北方向高程变化率;f_y 是东西方向高程变化率。由上述两式知,求解地面某点的坡度和坡向,关键是求解 f_x 和 f_y。格网 DEM 是以离散形式表示地形曲面且曲面函数一般也不知道,因此在格网 DEM 上对 f_x 和 f_y 的求解,一般是在局部范围(3×3 移动窗口)内,通过数值微分方法或局部曲面拟合方法进行(如右图)。

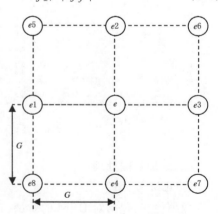

图中 G 表示格网尺寸,$e_i(i=1,2,\cdots,8)$ 分别表示中心点 e 周围格网点的高程。在 ArcGIS Desktop 9.3 环境中,基于前面处理的 DEM 数据,利用空间分析工具计算坡度和坡向分别如图 3.11 和图 3.12 所示。

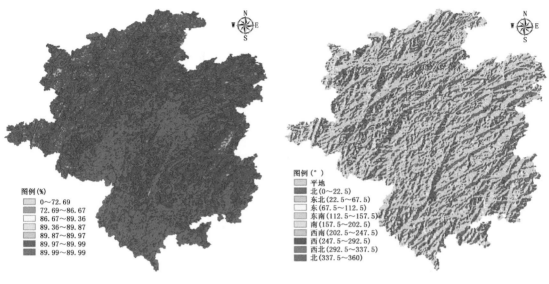

图 3.11　黔东南州地形坡度分级图　　　　　图 3.12　黔东南州地表坡向分级图

（3）物候期

通过分析贵州省气象信息中心提供的物候观测数据，结合云贵地区水稻物候的研究成果，总结得到黔东南州水稻生长的主要物候期如表 3.5 所示。

表 3.5　黔东南州水稻生长的主要物候期

时间	物候期
4 月上旬	播种
4 月中旬	出苗
4 月下旬	三叶
5 月上旬	苗床育秧
5 月下旬	移栽
6 月上旬	返青
7 月中旬	拔节
7 月下旬	孕穗
8 月上旬	抽穗
8 月中旬	灌浆
8 月下旬	乳熟
9 月上旬	乳熟—成熟
9 月下旬	成熟—收割
10 月上旬	收割

4 月上旬和中旬是水稻播种的主要时期，4 月下旬为主要的出苗期，5 月上、中旬苗床育秧，到了 5 月下旬和 6 月上旬主要是移栽和返青期，7 月到 8 月上旬孕穗—抽穗，8 月经过灌浆

到成熟,9 月下旬开始收割,一直持续到 10 月上旬,少数地方持续到 10 月中旬。

3.1.2.2　水稻种植面积的提取

　　遥感估产主要是通过利用遥感数据进行作物种植面积提取和产量估计模型的建立两个方面。准确地估算作物播种面积是进行遥感估产的前提,农作物种植面积的遥感提取是在收集分析不同农作物光谱特征的基础上,通过遥感影像记录的地表信息,识别农作物的类型,统计农作物的种植面积。尽管卫星遥感技术为水田监测提供了方便,遥感影像由于时间分辨率高、覆盖范围大以及低成本的优势,使得利用遥感影像进行农作物种植和长势监测以及遥感估产越来越受到重视。但现有研究表明,单纯地改善分类算法难以达到生产实用的要求,将多源辅助数据与卫星数据结合,发展多维信息复合的方法可以大大提高分类的精度,是提高遥感应用性的有效途径之一。

　　选取 2009 年 8 月 18 日 CBERS-02 星 CCD 数据,结合光谱信息与空间信息并附加辅助性数据的多源信息融合的知识规则法,进行遥感影像水稻种植信息提取。

　　采用 ENVI 软件进行卫星影像预处理,首先利用地面 GPS 控制点对影像进行几何精校正,校正后均方根误差为 0.48 个像元,然后用 ENVI 携带 FLAASH 模块进行大气校正,同时对影像做图像增强和滤波处理,采用决策树分类法结合地面调查确定水稻种植面积。

　　先对 CCD 数据进行影像—影像的坐标匹配,匹配精度在 0.6 个像元之内,然后依据黔东南州行政规划图进行裁减处理,得到研究区域影像。然后对剪裁得到的多波段数据做主成分分析,选用第一(PC1)和第二主成分(PC2)、全球环境监测植被指数(GEM I)、归一化植被指数(NDVI)和 CCD 多光谱数据的近红外波段(B4)作为决策树分类的特征数据,建立决策树进行自动分类。分类结果如图 3.13 所示。

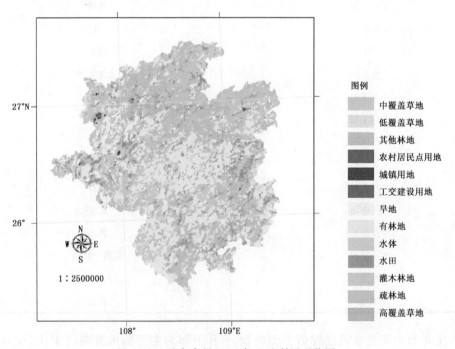

图 3.13　黔东南州 2009 年土地利用现状图

在土地利用分类数据基础上,提取分离水田和旱地。将水稻种植面积提取出来(图 3.14,图 3.15)。

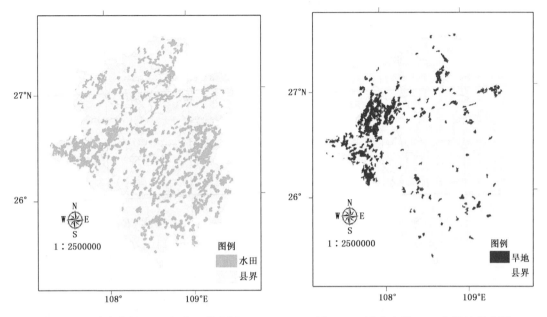

图 3.14　黔东南州 2009 年水田分布图　　　　　　图 3.15　黔东南州 2009 年旱地分布图

3.1.2.3　水稻单产估算模型的建立

依据研究区水稻生长的物候特征,选取相应时段内的遥感影像计算归一化植被指数(ND-VI)与时间构成水稻植被指数时序曲线,以此反映研究区内水稻生长情况。在植被指数拟合时序曲线的基础上,计算决定水稻产量的几个主要生产阶段的 NDVI 累积值,公式如下:

$$\mathrm{NDVI}_{Total} = \sum_{t=1}^{14} \mathrm{NDVI}_t \tag{3.9}$$

式中,NDVI_{Total} 为水稻生长期内的植被指数累积值;t 为水稻生长期内每半月一次的 NDVI 平均值。

以水稻生长各个物候阶段的 NDVI 累积值作为变量因子,以研究区内各行政分区的 ND-VI 累积值与单产数据作为样本,通过 SPSS 回归分析拟合 NDVI 累积值与单产之间的函数关系,建立水稻单产估算模型。具体操作方法:运行 SPSS 软件,把 2009 年各行政区的水稻单产统计数据作为因变量 Y,各县份的累积 NDVI 值作为自变量 X,对自变量和因变量进行相关分析,其相关系数在 0.01(双侧)的显著性水平下为 0.993,表明 NDVI 与水稻单产间存在很强的正相关关系。

由于 NDVI 与水稻单产之间的函数关系不明确。需进一步运用 SPSS 的曲线估计工具对 NDVI 和水稻单产进行多种曲线拟合,通过不同函数模型的曲线拟合及方差分析结果来判定其符合的数学模型。

同样,在 SPSS 软件中,以水稻单产统计数据作为因变量 Y,各县份的累积 NDVI 值作为自变量 X,对自变量和因变量进行曲线拟合。

选择线性模型和非线性模型中的对数、二次和三次多项式、幂函数和指数函数共 6 种数学模型进行曲线估计的结果如表 3.6 所示。

表 3.6　水稻产量与 NDVI 的曲线估计结果

方程	模型汇总					参数估计值			
	R 方	F	df1	df2	Sig.	常数	b1	b2	b3
线性	0.993271	1771.445	1	12	0.000	306.830	−23.603		
对数	0.979953	586.594	1	12	0.000	289.818	−8.021		
二次	0.993283	813.290	2	11	0.000	306.710	−22.881	−1.006	
三次	0.993283	813.290	2	11	0.000	306.710	−22.881	−1.006	0.000
幂	0.979262	566.658	1	12	0.000	289.932	−0.027		
增长	0.993214	1756.352	1	12	0.000	5.727	−0.079		
指数	0.993214	1756.352	1	12	0.000	306.943	−0.079		

从表 3.6 可知,水稻单产与 NDVI 的函数关系最逼近二次多项式(R 方取值为 993283),估计的参数值分别为 $b1=-22.881$,$b2=-1.006$,常数项为 306.710,在 0.001 的显著性水平上具有很强的非线性特征。据此可写出根据 NDVI 预报水稻单产的函数关系式:

$$Y = -22.881X^2 - 1.006X + 306.71 \tag{3.10}$$

利用上述模型模拟计算黔东南州各县份水稻单产,误差分析显示,水稻单产的相对误差在 0.17%~7.92% 之间,平均相对误差为 3.09%。

3.1.2.4　小结

水稻的生长是一个复杂、漫长的过程,黔东南影响水稻生长的地形复杂、气候条件也复杂多变,使得对水稻进行遥感估产成为一个比较困难的问题。本研究利用多时相 MODIS 遥感影像对成都市水稻产量估算进行了研究,通过长时间序列的 NDVI 进行平均化处理后再累积的做法,尽可能降低云雨天气时遥感影像反演得到的 NDVI 具有很大误差的影响,再利用相关分析和曲线拟合方法建立水稻产量与 NDVI 之间的函数关系模型。结果表明,利用多时相 MODIS 数据对黔东南地区水稻长势监测和遥感估产具有一定的可行性。

但是,由于黔东南地区地形地貌也比较复杂,水稻生长期内多云雨天气,导致利用遥感影像提取水稻种植面积及应用 MODIS 图像计算 NDVI 值一直是较难突破的重大难题。因此,如何进一步消除云和地形的影响,是作物长势监测和产量反演研究中的基本问题,还需遥感地学领域和农业科学领域科研人员的联合攻关。另外,遥感估产涉及多方面的内容,造成误差的因素也比较多。例如数据源引起的误差,包括遥感数据在获取过程中外界条件对遥感影像的影响以及遥感影像本身空间分辨率大小对信息提取造成的影响;影像解译过程中产生的误差;植被指数获取以及模型构建过程中产生的分析误差及统计资料可能存在的不确定性等方面。

因此,还需继续深入开展相关研究,从数据源、处理方法和模型建立各个方面提高反演结果的精度。

3.1.3　贵州植被生长状况动态监测

2004 年 9 月贵州省气象局开始实时接收 EOS/MODIS 数据,正式开展植被生长状况动态监测业务,现已累积了 10 余年贵州旬、月归一化植被指数(NDVI)数据序列。

3.1.3.1　植被季节变化动态监测实例

图 3.16 为接收数据中第一年代表旬的植被动态监测反演产品,植被指数采用旬最大值合成法,其中植被指数为无量纲数,最大为 1,最小为-1。

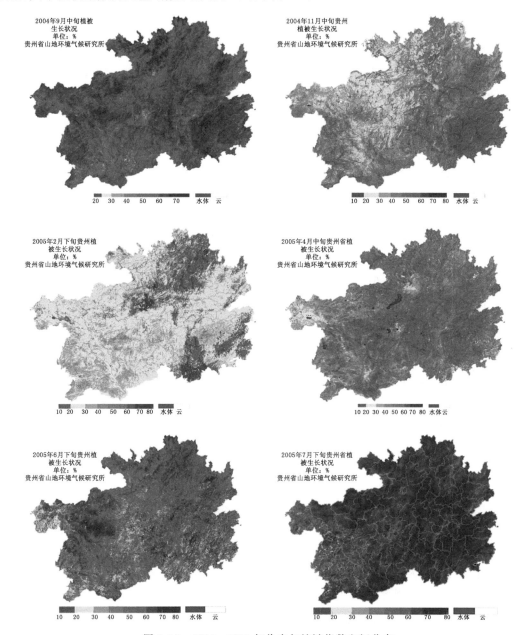

图 3.16　2004—2005 年代表旬植被指数空间分布

结合下垫面土地利用/覆盖,作物物候和基础地理背景数据,分析了相应时段的植被生长状况。

2004 年 9 月中旬贵州各地植被指数与上旬相比降低明显,大多分布在 0.55～0.66 之间。随着农事季节的更替,贵州水稻已处于乳熟至成熟期,部分地区已收割、玉米处于成熟收获期,作物地植被指数值降低,处于 0.46～0.55 之间,遥感图上植被低值区分布在遵义县、仁怀、惠水、长顺、玉屏等产粮区和贞丰、关岭、思南等生态环境恶化、森林覆盖率低的地区。黔东南、黔南地区中部和南部的荔波、遵义地区北部、铜仁地区中部、毕节地区大部、六盘水的盘县等地植被指数值较高,代表植被高值的深绿色区集中分布于雷公山、梵净山、白马山、韭菜坪等高山地区,这些地区的植被指数大多处于 0.70 以上。另外,9 月中旬贵州省气温正常至偏高,降水普遍偏少,对植被生长造成一定影响,也表现出部分地区植被指数值降低。从卫星遥感图总体上看,贵州各地森林、草地、作物生长基本正常,但部分地区植被显示出供水不足。

2004 年 11 月中旬,植被指数大多分布在 0.25～0.55 之间,呈中西部低东部高,北部低南部高的趋势。省之西部高拔地区处于分蘖期的麦地植被指数值处于 0.3～0.4 之间,其余大部分地区的小麦处于播种至出苗期,油菜处于移栽末期,作物地植被指数比周围常绿和混交林地的植被指数低,处于 0.23～0.35 之间,遥感图上植被指数最低值区出现在城市和仁怀、金沙、黔西、大方、毕节等县的灌木林区。黔东南、黔南地区中部和南部的荔波、铜仁地区中部、六盘水西部等地植被指数值较高,代表植被高值的深绿色区集中分布于雷公山、梵净山等常绿阔叶林区,这些地区的植被指数仍高达 0.60 以上。

2005 年 2 月下旬,由于能用于合成的天数较少,东北部、东南部部分地区薄云和云影的影响无法滤出,植被指数值显著偏低。其他地区植被指数显示正常,高值区位于:①中部、西南部地区。由于越冬作物油菜、小麦生长正常,常绿林地和部分作物地植被指数值处在 0.45～0.55 之间;②雷公山和梵净山的阔叶林和针阔混交林区,植被指数值在 0.35～0.55 之间。植被指数低值区位于:①贵州西北部的赫章、毕节、六盘水、纳雍、大方、黔西、威宁部分等高海拔落叶灌木草山植被地区;②铜仁地区的大部分以及大中城市的周边地区,大多分布在 0.19～0.45 之间。

2005 年 4 月下旬,贵州各地植被及作物长势较好,大部地区植被指数分布在 0.4～0.6 之间,植被高值区(0.6～0.8)主要分布在雷公山、新寨大山等林区,植被低值区(0.2～0.4)主要分布在遵义市、威宁、贵阳、贞丰等地区及北盘江流域。总体上来说,与上旬比较本旬植被指数显著增加。

2005 年 6 月下旬,贵州晴空地区的植被指数大部分为 0.4～0.7,高植被指数分布面积比例较大,表明这期间植被生长旺盛,与中旬比较植被指数有所增加。

2005 年 7 月下旬贵州晴空地区的植被指数已达到年内最大值,分布在 0.65～0.8 之间,比起上旬有明显增加。梵净山、雷公山、册亨、望谟、罗甸、湄潭等地的植被指数达到 0.7 以上,黔西南、六盘水市及威宁等地受云层和石漠化的影响植被指数较低,大部分植被指数为 0.4。本旬水稻全省除北部及南部处于抽穗期外,其余地区处于孕穗期,玉米全省大部分地区处于抽雄—乳熟期。作物地植被指数值在 0.55～0.7 之间。

3.1.3.2　植被年际变化动态监测

2010 年春季,贵州省遭受了大面积的干旱。2010 年 3 月全省植被指数主要在 0.28～0.46 之间,低于 2009 年 3 月的全省植被指数 0.31～0.54,2010 年 4 月全省植被指数主要在 0.38～0.60 之间,低于 2009 年 4 月的全省植被指数 0.42～0.67。

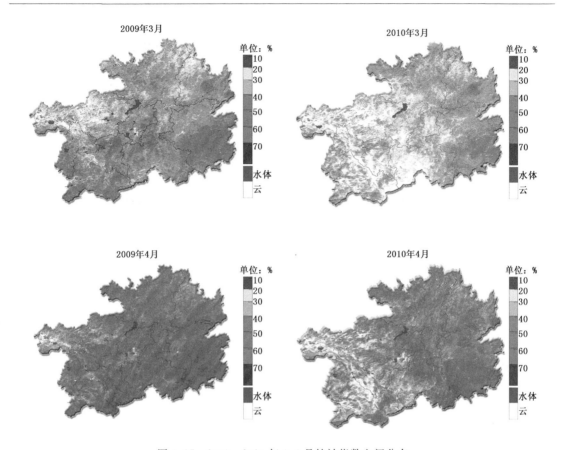

图 3.17　2009—2010 年 3、4 月植被指数空间分布

3.2　陆面温度和城市热岛反演

3.2.1　陆面温度反演方法

陆地表面温度（LST）是地球表面能量平衡一个很好的指标，是区域和全球尺度地表物理过程中的一个关键因子。通过遥感方法获取陆地表面温度的理论基础是：随着温度的升高陆地表面发射的总辐射能也迅速增加，同时地面物体温度的变化也影响物体的发射光谱。

陆面温度为 Ts 在波长为 λ 的波谱辐射值 L 可根据普朗克函数表示为：

$$L(\lambda, T) = \varepsilon(\lambda)B(\lambda, Ts) = \varepsilon(\lambda)\frac{2\pi hc^2}{\lambda^5(e^{hc/k\lambda Ts} - 1)} \tag{3.11}$$

式中，$L(\lambda, T)$ 为光谱辐射度（$\mathrm{W \cdot m^{-2} \cdot \mu m \cdot sr^{-1}}$,）；$c$ 为光速（$2.99792458 \times 10^8\ \mathrm{m \cdot s^{-1}}$）；$h$ 为普朗克常数（$6.626076 \times 10^{-34}\ \mathrm{J \cdot s}$）；$k$ 为玻尔兹曼常量（$1.380658 \times 10^{-23}\ \mathrm{J \cdot K^{-1}}$）；$\lambda$ 为波长（m）；T 为绝对温度（K）。通过变换方程获得亮度温度 Ts 的计算式

$$Ts = \frac{hc}{k\lambda\ln(1 + 2\pi\varepsilon hc^2/\lambda^5 L)} \tag{3.12}$$

20 世纪 60 年代，卫星遥感数据开始用来反演陆面温度（Wark et al.，1962）。在已知比辐

射率的前提下,利用各种对大气辐射传输方程的近似和假设,提出了许多不同表面温度的反演算法,其中分裂窗算法,也称劈窗算法是发展比较成熟的方法。该算法利用大气窗口 $10\sim13$ μm 内,两个相邻通道($11\ \mu m$ 与 $12\ \mu m$)上大气的不同吸收特性,由两通道亮温的某种组合来消除大气的影响。目前国际遥感界已经提出了多种劈窗算法,本研究选择了 Becker(1987)和毛克彪(2005)两种劈窗算法分别建立了 NOAA/AVHRR 和 EOS/MODIS 陆面温度反演流程,对 Landsat TM/ETM+单一的 TM6 热红外波段,则采用了覃志豪单窗算法建立了 landsat 热红外波段反演陆面温度流程。

3.2.1.1　Backer 局地劈窗算法

Becker(1987)在辐射传输线性近似的基础上,考虑地表比辐射率的影响,给出了 NOAA/AVHRR 热通道数据的局地分裂窗算法为:

$$Ts = A_0 + P(T_4 + T_5)/2 + M(T_4 - T_5)/2 \tag{3.13}$$

$$A_0 = 1.274$$

$$P = 1 + 0.15616(1 - \varepsilon)/\varepsilon - 0.482\Delta\varepsilon/\varepsilon^2$$

$$M = 6.26 + 3.98(1 - \varepsilon)/\varepsilon + 38.33\Delta\varepsilon/\varepsilon^2$$

$$\Delta\varepsilon = \varepsilon_4 - \varepsilon_5 = (\varepsilon_4 + \varepsilon_5)/2$$

式中,T_4,T_5 分别为 AVHRR 第 4 和 5 通道的亮温;ε_4,ε_5 分别为 AVHRR 第 4 和 5 通道的平均比辐射率。MODIS 中 31、32 波段和 NOAA/AVHRR 的 4、5 波段非常接近,并且数据精度更高。因此,上述应用于 AVHRR 数据的分裂窗方法也可应用到 MODIS 数据上。

3.2.1.2　毛克彪劈窗算法

毛克彪(2005)劈窗算法是针对 MODIS 遥感影像的波段和运行参数设计,在普朗克定律和大气辐射传输理论的基础上发展而来的,其反演过程主要涉及以下几个方面。

(1)大气水汽含量计算

利用 MODIS 近红外波段数据计算大气水汽含量:

$$T_{obs-b18} = \rho_{b18}/(C_1 \times \rho_{b2} + C_2 \times \rho_{b19})$$

$$T_w = e^{\alpha - \beta\sqrt{w}}$$

$$w = (\alpha - \ln T_W)^2/\beta^2 \tag{3.14}$$

式中,w 为大气水汽含量;ρ 为对应波段的地表反射率值,可在 ENVI 软件中直接读出。

(2)大气透过率计算

利用 MODTRAN 模拟的大气透过率与大气水汽含量之间的关系式,对 MODIS 31、32 波段的大气透过率水平进行计算,式中,τ 表示大气透过率。

$$\text{Band31}: \tau_{31} = 2.89798 - 1.88366 \times e^{\frac{w}{21.22704}} \tag{3.15}$$

$$\text{Band32}: \tau_{32} = -3.59289 - 4.60414 \times e^{-\frac{w}{32.70639}} \tag{3.16}$$

(3)归一化植被指数(NDVI)计算地表比辐射率

$$\text{NDVI} = \frac{\text{DN}_{band2} - \text{DN}_{band1}}{\text{DN}_{band2} + \text{DN}_{band1}} \tag{3.17}$$

式中,DN 表示波段 1、2 中像元对应的灰度值;band1 为可见光红色区域;band2 为近红外。利用 NDVI 计算地表比辐射率通常采用分段估计的方法,设定 NDVI 的数值范围对应地表基本类型和比辐射率取值:

①NDVI<0 时,判断为水,$\varepsilon_{31}=0.992$,$\varepsilon_{32}=0.988$;

②0<NDVI<0.05 时,判断为裸地,$\varepsilon_{31}=0.986$,$\varepsilon_{32}=0.991$;

③0.05<NDVI<0.65 时,判断为裸地植被混合类型,

$$PV=(NDVI-0.05)/0.6$$
$$\varepsilon_{31}=0.986\times(1-PV)+0.976\times PV$$
$$\varepsilon_{32}=0.991\times(1-PV)+0.976\times PV$$

④NDVI>0.65 时,判断为植被,$\varepsilon_{31}=0.972$,$\varepsilon_{32}=0.976$。

(4)云判断

利用波段 4、波段 26 进行云判断,当波段 26 的反射率大于 0.1 或者波段 4 的反射率大于 0.4,判断云体,设置掩膜去除该像元。

(5)亮温计算

计算波段 31 和 32 的亮度温度是反演陆面温度的前提,两波段的反演公式如下:

$$T_{31}=14380/(11.03\times\ln(2\times59500000/(B_{31}\times11.03^5)+1)) \tag{3.18}$$
$$T_{32}=14380/(12.02\times\ln(2\times59500000/(B_{32}\times12.02^5)+1)) \tag{3.19}$$

(6)陆面温度计算

将上述步骤 1~5 中计算得到的各个参数带入下列计算辐射传输方程组的系数中,求出 A、B、C、D 各个变量:

$$A_{31}=0.13787\times\varepsilon_{31}\times\tau_{31}$$
$$B_{31}=0.13787\times\tau_{31}+31.65677\times(\varepsilon_{31}\times\tau_{31}-1)$$
$$C_{31}=(1-\tau_{31})(1+(1-\varepsilon_{31})\tau_{31})\times0.13787$$
$$D_{31}=(1-\tau_{31})(1+(1-\varepsilon_{31})\tau_{31})\times31.65677$$
$$A_{32}=0.11849\times\varepsilon_{32}\times\tau_{32}$$
$$B_{32}=0.11849\times\tau_{32}+26.50036\times(\varepsilon_{32}\times\tau_{32}-1)$$
$$C_{32}=(1-\tau_{32})(1+(1-\varepsilon_{32})\tau_{32})\times0.11849$$
$$D_{32}=(1-\tau_{32})(1+(1-\varepsilon_{32})\tau_{32})\times26.50036$$

将求得的 8 个变量带入到辐射方程组中,即可计算出陆面温度,式中,Ts 为 31 和 32 波段对应的陆面温度,理论上 Ts_{31} 与 Ts_{32} 数值相等。

$$A_{31}Ts_{31}=B_{31}-C_{31}\times T_{31}+D_{31}$$
$$A_{32}Ts_{32}=B_{32}-C_{32}\times T_{32}+D_{32}$$
$$T_s=\frac{C_{32}(B_{31}+D_{31})-C_{31}(D_{32}+B_{32})}{C_{32}A_{31}-C_{31}A_{32}} \tag{3.20}$$

3.2.1.3 覃志豪(2003)单窗算法

TM 和 ETM+资料的第 6 通道波长为 10.4~12.5 μm,处于与陆面温度相对应的热红外波谱范围,覃志豪根据地表热辐射传输方程,于 2001 年推导并发表了针对 TM6 的单窗算法,反演理论误差小于 1.1 ℃,多年来经诸多学者的运用和验证,此算法现已被公认为 landsat 热红外波段反演陆面温度精度较高的算法之一。

(1)辐射强度计算:

$$L_{(\lambda)}=L_{\min(\lambda)}+(L_{\max(\lambda)}-L_{\min(\lambda)})Q_{DN}/Q_{\max} \tag{3.21}$$

式中，Q_{DN} 为 Landsat 影像数据的 DN 值（像元灰度值）；Q_{max} 为最大 DN 值；$L_{(\lambda)}$ 为传感器接收到的辐射强度；单位 mW · cm^{-2} · sr^{-1} · μm^{-1}；$L_{min(\lambda)}$ 和 $L_{max(\lambda)}$ 对应传感器所接受的最小和最大辐射强度，可通过查找 Landsat－7 数据中波段的偏差值和增益值计算求得。

（2）像元亮度温度 T_6 计算：

$$T_6 = K_2/\ln(1 + K_1/L_{(\lambda)}) \tag{3.22}$$

式中，$L_{(\lambda)}$ 为公式（3.21）中所求辐射强度；$K_2=1282.71$ K，$K_1=666.09$ mW · cm^{-2} · sr^{-1} · μm^{-1}。

（3）大气水汽含量和大气透射率 τ 的计算：

大气水汽含量是通过气象站观测资料中的水汽压计算近地面 2 m 左右的水汽含量，再利用探空资料推算大气总水汽含量，其计算过程如下：

$$w = w(0)/R_w(0) \tag{3.23}$$

式中，w 为大气总水汽含量，单位 g · cm^{-2}；$w(0)$ 为近地面 2 m 左右空气水汽含量，由气象站观测资料计算得到；$R_w(0)$ 为 $w(0)$ 占大气总水汽含量的比率。

通过 LOWTRAN 7 模拟，大气水汽含量在 0.4～3.0 g · cm^{-2} 范围时，Landsat 第 6 波段大气透过率 τ 与大气总水汽含量 w 存在良好的线性关系。

①夏季（35 ℃）：$0.4 < w < 1.6$ 时，$\tau = 0.974290 - 0.08007w$；
$\qquad\qquad 1.6 < w < 3.0$ 时，$\tau = 1.031412 - 0.11536w$；

②冬季（18 ℃）：$0.4 < w < 1.6$ 时，$\tau = 0.982007 - 0.09611w$；
$\qquad\qquad 1.6 < w < 3.0$ 时，$\tau = 1.053710 - 0.14142w$。

（4）归一化植被指数（NDVI）和地表比辐射率 ε 的计算：

$$\text{NDVI} = (\rho_4 - \rho_3)/(\rho_4 + \rho_3) \tag{3.24}$$

式中，NDVI 为归一化植被指数；ρ_3 为第 3 波段（红光）的反射率；ρ_4 为第 4 波段（近红外）的反射率。地表比辐射率 ε 通过 NDVI 来分段取值：

①NDVI<0，判断为水，$\varepsilon = 0.990$；

②$0 <$ NDVI < 0.05，判断为裸地，$\varepsilon = 0.988$；

③$0.05 <$ NDVI < 0.65，判断为植被裸地混合类型，$\varepsilon = 0.986$；

④NDVI>0.65，判断为植被，$\varepsilon = 0.974$。

（5）大气的向上平均作用温度（又称大气平均作用温度）T_a 计算：

$$T_a = 16.0110 + 0.92621T_0 \tag{3.25}$$

式中，T_0 为地表 2 m 左右的空气温度，此式中两个系数适用于中纬度夏季。

（6）陆面温度 T_s 的计算：

$$T_s = [a(1 - C - D) + (b(1 - C - D) + C)T_6 - DT_a]/C \tag{3.26}$$

式中，T_s 为陆面温度（K）；a、b 分别为-67.355351 和 0.458606；参数 $C = \varepsilon\tau$；参数 $D = (1-\tau)[1+(1-\varepsilon)\tau]$。

3.2.2　基于 MODIS 数据的热岛效应分析

城市热岛效应（Urban Heat Island Effect）是指城市中的气温明显高于外围郊区的现象，是在人类活动下，由于城市下垫面条件改变和人为产热等原因而形成的独特城市气候现象（周淑贞，1994）。在陆面温度图和近地面气温图上，郊区气温变化很小，且温度较低，而城区则是一个高温区，仿佛突出海面的岛屿，由于这种岛屿代表着高温的城市区域，故而形象地称为"城市热岛(Urban Heat Island)"。19 世纪初,英国气象学家 Lake Howard 对伦敦城区及其郊区的气温进行了观测研究,发现城区气温比郊区高,并在《伦敦的气候》(The Climate of London)中把这种城市气候特征称为"热岛效应"(Heat Island Effect)。1958 年,Manley 提出"城市热岛"的概念。产生城市热岛效应原因的主要包括下垫面改变、人为产热和气温升高等,一般认为人类活动所导致的城市下垫面改变、植被覆盖率降低、人为产热增加和温室气体排放是城市热岛效应产生的最主要原因。

　　贵阳市独特的区域气候特点和高森林覆盖率的自然环境条件在国内大中型城市中十分罕见,研究其城市热岛效应的现状,定性定量地分析城市热岛效应的强度和时空分布特征,有助于解决城市发展过程中存在的问题,引导贵阳市的可持续发展,提高人居环境质量,而且可以为其他城市在缓解热岛效应、改善城市气候环境提供良好的借鉴。

3.2.2.1　研究资料与流程

　　EOS/MODIS 数据来源于贵州省山地环境气候研究所 2007—2010 年间接收的 Aqua_MODIS_L1B 数据和美国航空航天局(NASA)官方网站发布的 MYD11_L2、MYD11A1 陆面温度资料、MYD05 近红外水汽资料、MOD05 近红外水汽资料、MYD13A2 植被指数和 MYD12Q1 全年土地利用资料(MYD 为 Aqua_MODIS 产品代码,MOD 为 Terra_MODIS 产品代码)。

　　Terra 卫星通过贵州上空的时间大约为 G.M.T.03:45 和 G.M.T.15:45 左右(北京时间 11:45 和 23:45,接近中午和午夜),Aqua 通过贵州上空的时间在 G.M.T.06:15 和 G.M.T. 18:15 左右,即北京时间 14:15 和 02:15,正值每日气温最高值和最低值出现的时次。鉴于 MODIS 在时间分辨率上的连续性,本研究从 2007—2010 的 Aqua/MODIS 资料中选择晴空条件下的观测数据,组成涵盖全年各个月份的数据集,通过毛克彪分裂窗算法对贵阳市陆面温度进行反演,统计分析城郊陆面温度的差异,在地温水平上分析贵阳市热岛效应的时空演变特征。除了上述来自贵州省气象局的接收处理系统的 MODIS_L1B 数据,本研究还选取了 NASA 官方发布的 MYD11_L2、MYD11A1 陆面温度资料、MYD05 近红外水汽资料、MYD13A2 植被指数和 MYD12Q1 全年土地利用资料等相关数据,对相应时次反演结果的准确性进行验证。

　　毛克彪分裂窗算法涉及的 MODIS 通道见表 3.7。其中 31、32 通道为热红外波段,用于观测陆面、海面和云顶温度,通道 17、18 和 19 为近红外大气水汽波段,用以反演大气中的水汽含量,通道 1、3、4 为可见光波段的红色、蓝色、绿色光谱的对应位置,结合通道 2、26 近红外波段进行归一化植被指数分析和云判断识别。

表 3.7　MODIS_L1B 数据基本属性

通道序号	波段宽度(μm)	分辨率(m)	光谱性质	基本用途
1	0.620~0.670	250	可见光—红光	陆地与云的界限
2	0.841~0.876	250	近红外	
3	0.459~0.479	500	可见光—蓝光	陆地与云的性质
4	0.545~0.565	500	可见光—绿光	
17	0.890~0.920	1000		
18	0.931~0.941	1000	近红外—水汽通道	大气水汽
19	0.915~0.965	1000		
26	1.360~1.390	1000	近红外	卷云识别
31	10.780~11.280	1000	热红外	地表/云温度
32	11.770~12.270	1000		

　　由于 MODIS 在 31、32 通道的空间分辨率为 1000 m×1000 m,因此,在计算大气水汽含量等反演参数时,通过空间插值将所有参与运算的通道数据统一到 1000 m 分辨率水平上。EOS/MODIS 卫星接收系统提供的 L1B 级影像中,图像信息和经纬度信息是分离的,而且经线、纬线呈不规则的曲线。要使用这些数据,通常要先借助遥感软件进行几何校正,利用遥感分析软件 ENVI 对影像进行地理投影,采用 Geographic Lat/Lon 投影方式,datum 为 WGS-84,同时进行蝴蝶效应(bow-tie)校正之后,利用 DEM 数字高程模型对所使用波段进行几何纠正。然后运用 Resize 对影像进行重采样,并借助矢量的贵阳市行政边界提取研究区域,得到贵阳市影像数据。

　　利用 Aqua_MODIS 遥感资料,通过毛克彪劈窗算法精确反演贵阳市的陆面温度,涉及热红外通道(band31、32)的大气透过率、地表比辐射率和云掩膜等相关计算,其中大气透过率是通过其与大气水汽含量的关系式估算而来,而大气水汽含量是通过 MODIS 近红外波段(band17/18/19)反演得到,地表比辐射率通过 MYD12Q1 全年土地利用资料和归一化植被指数 NDVI 相结合进行分段判断和估算,具体技术流程如图 3.18 所示。

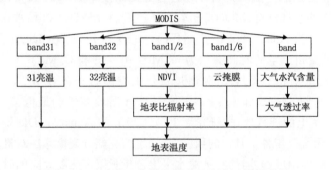

图 3.18　MODIS 分裂窗算法反演陆面温度流程

3.2.2.2　陆面温度反演结果与热岛效应分析

　　自 2009 年 3 月至 2010 年 2 月,每月分 3 旬,每旬选一张晴空条件较好 MODIS 影像(个别没有晴空或晴空时次不足的月份,从 2007 年、2008 年的相应月份中补充)进行地温反演。经昼夜加权平均得到日平均陆面温度,再经 3 旬平均后近似表征 1—12 月陆面温度的月平均值,见图 3.19。从图中可以直观地看到,在 12 个月份中,贵阳市在地温水平上都存在一定程度的

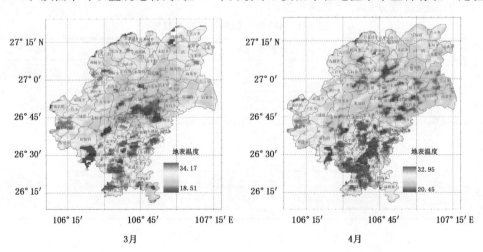

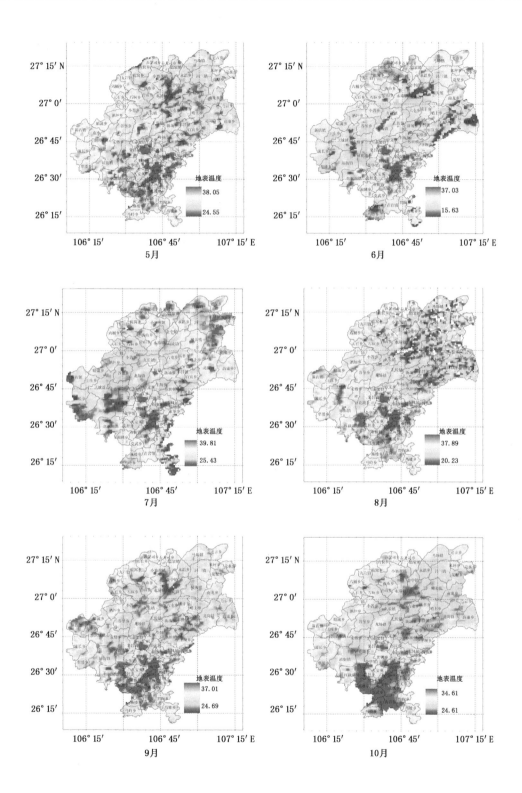

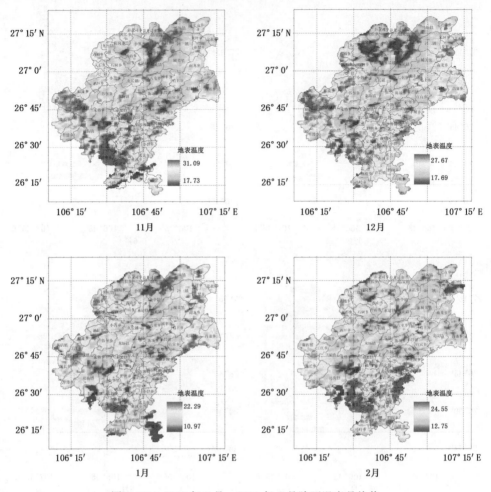

图 3.19 2009 年 3 月—2010 年 2 月陆面温度月均值

热岛效应,高温区主要位于贵阳市城区和花溪以西的部分地区,温度由城区向开阳、息烽、清镇以北等郊县地区逐渐降低,至清镇西部和北部低海拔河谷地区后温度再次升高。

从反演地温图上取南明区中心位置(106.71°E, 26.58°N)代表城区温度,取百花湖乡、黔灵公园和森林公园三处森林植被丰富的区域代表郊区温度,以二者温差表征地温水平上贵阳市的热岛效应强度。计算 12 个月份的热岛强度,发现 2009 年 3 月—2010 年 2 月贵阳市热岛效应在晴空条件下都存在,但其强度随季节的变化很大,高热岛强度主要集中在 4—9 月份,变化范围在 7.1~11.4 ℃,在 3 月和 10 月—次年 2 月热岛强度低于 5 ℃,全年热岛强度最大值11.4 ℃出现在 8 月,最小值 1.3 ℃出现在 2010 年 1 月(图 3.20)。

在图 3.21 中,春季、秋季的陆面温度最高值位于贵阳市城区和西南部部分地区,最大值为34.6 ℃和 33.3 ℃,此外,县城所在地也存在较高的陆面温度值,如开阳地表最高达 31.6 ℃和32.0 ℃,息烽最高达 30.1 ℃和 29.7 ℃;夏季,贵阳市的陆面温度达到最大值,在中心城区最高温度为 38.07 ℃,温差最大值为 14 ℃;冬季,地表最高温位于花溪以西、清镇东南部,最大值为 24.3 ℃,其温度值高于城区的陆面温度。

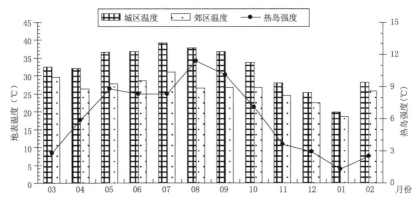

图 3.20　2009 年 3 月—2010 年 2 月贵阳市热岛效应变化曲线

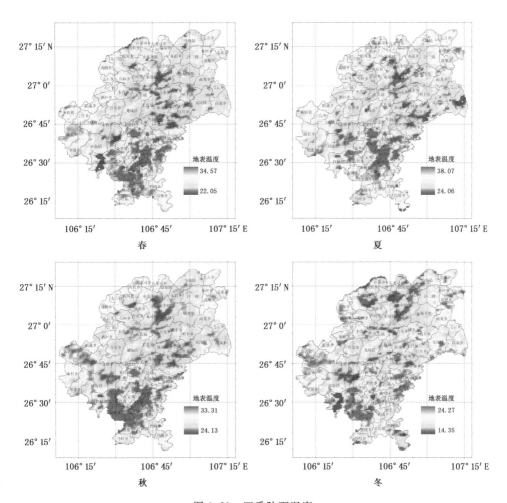

图 3.21　四季陆面温度

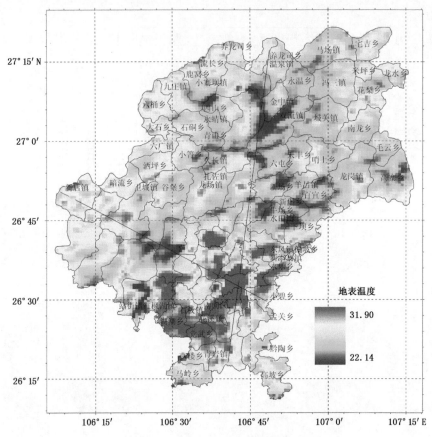

图 3.22　年平均陆面温度和剖面线

　　分析全年的陆面温度平均值,地温最大值 33.9 ℃位于南明区,最小值 22.14 ℃位于红枫湖,贵阳市中心城区比周边温度高出 4.2～8.3 ℃。分别从(106.6759°E, 26.1018°N)到(106.8138°E, 27.3946°N),和(106.0138°E, 26.8410°N)到(107.3996°E, 26.4926°N)做两条剖面线,分别穿过花溪、小河、南明、云岩、乌当、修文、开阳、息烽的部分地区,和清镇新店镇、清镇百花湖乡、白云、南明和花溪小碧乡,从南向北,从西北向东南穿过中心城区。分析剖面线划过的陆面温度(图 3.23),南明等中心城区所在位置为剖面线中陆面温度最高点,达到 30.2～31.8 ℃,在南北向的剖面线上,最低温 24.9 ℃位于开阳县双流镇,在东西向的剖面线上,最低温 23.6 ℃位于百花湖。

3.2.2.3　小结

　　利用 MODIS 遥感资料反演贵阳市陆面温度,发现在地温水平上,贵阳市的城市热岛效应在一年之中的晴空条件下普遍存在,随着季节的变动,热岛强度主要集中在 4—9 月,其中 8 月份热岛强度达到最大值 11.4 ℃,在 10 月—次年 3 月,贵阳市的热岛强度较弱,至 1 月份降到最低。春季和秋季,贵阳市城区的陆面温度与部分郊区、郊县的地温接近,夏季,中心城区与周边地区的地温差值达到最大,冬季中心城区的陆面温度低于部分区县,热岛效应不明显。

　　在年平均地温的空间分布上,贵阳市中心城区的陆面温度明显高于其他地区,地温最大值 33.9 ℃位于南明区,最小值 22.1 ℃位于红枫湖,贵阳市中心城区比周边温度高出 4.2～8.3 ℃。

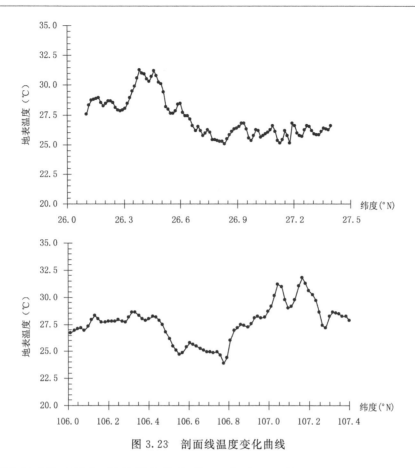

图 3.23　剖面线温度变化曲线

在两条剖面线划过的区域中,温差最大值达到 6.9 ℃和 8.2 ℃。

3.2.3　基于 ETM＋影像的土地利用类型与陆面温度的关系研究

采用 Landsat ETM＋遥感影像,在 60 m 和 30 m 空间分辨率水平上分别对贵阳市的陆面温度和土地利用/覆盖类型进行反演、提取和对比分析,探讨贵阳市城市热岛效应与下垫面性质的关系。

3.2.3.1　卫星数据与单窗算法反演陆面温度流程

Landsat-7 是美国航空航天局(NASA)1999 年 4 月 15 日发射升空的第 7 颗陆地卫星,至今仍在运行,其南北的扫描范围约 170 km,东西的扫描范围约 183 km,16 天覆盖全球一次。增强型主题成像仪(ETM＋)是其携带的主要传感器,所获得的遥感数据称为ETM＋影像,包括 8 个波段,其中波段 1~5 和波段 7 的空间分辨率为 30 m,波段 6 为 60 m,波段 8 为全色波段分辨率 15 m(表 3.8)。ETM＋遥感影像的空间分辨率水平基本满足本研究对地温反演和土地利用/覆盖类型信息提取的需要,贵阳市位于其 41 行和 42 行之间,127 列扫描带的中心位置,在其由北向南观测运行中可获得同一时刻完整覆盖全市区域的观测数据。

表 3.8　ETM＋数据基本属性

主题成像仪	波段设置	色谱范围	波长(μm)	分辨率(m)	扫描宽度	回归周期和
Landsat-7 ETM＋	Band 1	蓝绿	0.45～0.52	30	南北 170 km 东西 183 km	16 天
	Band 2	绿色	0.52～0.60	30		
	Band 3	红色	0.63～0.69	30		
	Band 4	近红外	0.76～0.90	30		
	Band 5	中红外	1.55～1.75	30		
	Band 6	热红外	10.40～12.50	60		
	Band 7	中红外	2.09～2.35	30		
	Band 8	全色	0.52～0.90	15		

　　本研究选取了 2001 年 4 月 21 日和 2010 年 5 月 24 日两个时段 ETM＋遥感影像,分别利用 band 6(热红外波段)进行陆面温度的反演,利用 band1/2/3/4/5/7(可见光和近红外波段)进行土地利用信息的提取,如表 3.9 所示,ETM＋影像在贵阳上空过境的时间接近中午,太阳高度角接近 90 度,地表物体阴影较少,适于地表信息的反演和提取。

表 3.9　本研究选取卫星资料

采集日期	采集时刻 (GZ)＊	行号	列号	传感器	分辨率(m)	
					band6	band1/2/3/4/5/7
2001-04-21	03:10:56	127	41	ETM＋	60	30
	03:11:20	127	42	ETM＋	60	30
2010-05-24	03:13:56	127	41	ETM＋	60	30
	03:14:20	127	42	ETM＋	60	30

＊注:GZ 为世界时格林威治时间。

　　利用 ETM＋影像,采用覃志豪单窗算法反演陆面温度也同样涉及热红外波段的大气透过率、地表比辐射率等相关计算,此外,还需要计算大气平均作用温度,其计算过程不仅用到 ETM＋影像的相关波段,而且需要借助气温等气象站观测数据和 Terra_MODIS 的 MOD05 近红外水汽资料,反演流程如图 3.24 所示。

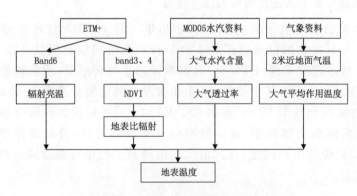

图 3.24　单窗算法反演陆面温度流程图

3.2.3.2　对单窗算法参数的适应性调整

贵阳市在 4—9 月的气温较低,即使最热的七月份,平均气温也在 24 ℃,且相对湿度大,大气水汽含量高,变动幅度常在 $0.4 \sim 6.4$ g·cm^{-2},显然以往的研究在气温和大气水汽含量的设置以及拟合方程的分段取值上都无法满足贵阳市气候特征的要求。本研究利用 MODTRAN 4 模拟了气温在 22 ℃ 和 26 ℃,大气水汽含量在 $0.4 \sim 6.4$ g·cm^{-2} 条件下热红外波段大气透过率的变化情况,并提取其均值,经线性拟合后,得到大气水汽含量在 $0.4 \sim 6.2$ g·cm^{-2} 的分段关系式。此模拟过程的参数设置,除大气水汽含量外,CO_2 等大气成分均采用中纬度夏季大气模型,气溶胶选择城市模式(VIS＝23 km),其他设置:无云雨,多次散射。经模拟演算和地温反演应用,此估计方程的演算误差在 $0.9 \sim 1.3$ ℃,满足贵阳市陆面温度反演的误差要求;实际应用中反演结果与台站资料计算的地温值存在 2.7 ℃ 的误差。

其分段式估计方程如下(气温 22~26 ℃):

① $0.4 \sim 1.6$ g·cm^{-2},$\tau = 0.978921 - 0.089697w$;

② $1.6 \sim 3.0$ g·cm^{-2},$\tau = 1.044791 - 0.130997w$;

③ $3.0 \sim 4.2$ g·cm^{-2},$\tau = 1.076353 - 0.142480w$;

④ $4.2 \sim 5.4$ g·cm^{-2},$\tau = 1.012642 - 0.127652w$;

⑤ $5.4 \sim 6.2$ g·cm^{-2},$\tau = 0.891397 - 0.105019w$。

基中 w 为大气水汽含量。

3.2.3.3　土地利用/覆盖类型提取方法

本研究采用神经网络监督分类的方法,利用 ETM＋遥感影像对贵阳市土地利用/覆盖类型(LUCC)进行提取,如图 3.25 所示,在信息提取的整体过程中,分类标准的确定、训练样本光谱分析和采集纯化是关键环节,直接影响到分类结果的精度和准确性,土地利用/覆盖类型信息的提取流程如下:

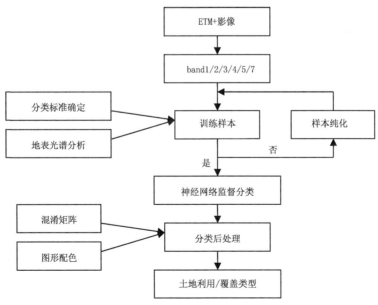

图 3.25　提取土地利用/覆盖类型

地表信息的判读和提取包含了分类前处理和分类后处理两大类内容,首先需要完成正射影像的制作、分类标准的确定、分类方法的选择、样本的训练和纯化,然后进行分类后的混淆矩阵检测、分类精度估计和滤波处理等。

本研究所用 ETM＋影像均为 Landsat L1T 数据产品,GeoTIFF 格式,UTM-WGS 84 南极洲极地投影,此产品已经过系统辐射校正和地面控制点几何校正,并且通过 DEM 进行了地形校正,可作为正射影像用于土地利用/覆盖类型信息的提取。

(1)分类标准的确定

本研究在采用 DIScover 生态学分类方法的基础上,考虑到贵阳市实际的地表类型特征、所选卫星资料的时段,以及 ETM＋影像的光谱特性和地表信息解译能力,将冰与雪等不存在的地表类型排除,将光学性质相近的地表类型进行合并,如常绿针叶林等 5 类林木植被覆盖地表合并为林地(Forest Lands),郁闭灌丛和稀疏灌丛合并为灌丛(Shrublands)等,对于花溪河、红枫湖阿哈水库等永久湿地,依据像元的光谱特征分散于林地、灌丛、草地和水体等类型中,不作为独立的地表,最终形成的贵阳市土地利用/覆盖变化分类标准包括林地、灌丛、草地、作物、建成区、裸地和水体等 7 类土地类型。相比于国际地圈生物圈计划(IGBP)土地利用/覆盖变化分类系统(DIScover Data Set Land Cover Classification System),调整后的 7 类地表在 ETM＋影像中解译能力更强,在 30 m 分辨率水平上更易操作,对于分析地表类型与地温的关系也更具代表性。

表 3.10 土地利用/覆盖类型分类标准

类型	DIScover 土地覆盖类型	类型	贵阳市 LUCC 分类标准
01	常绿针叶林(Evergreen Needleleaf Forests)		
02	常绿阔叶林(Evergreen Broadleaf Forests)		
03	落叶针叶林(Deciduous Needleleaf Forests)	1	林地(Forestlands)
04	落叶阔叶林(Deciduous Broadleaf Forests)		
05	混交林(Mixed Forests)		
06	郁闭灌丛(Closed Shrublands)	2	灌丛(Shrublands)
07	稀疏灌丛(Open Shrublands)		
08	多树草原(Woody Savannas)		
09	稀树草原(Savannas)	3	草地(Grasslands)
10	草原(Grasslands)		
11	永久湿地(Permanent Wetlands)		分散于林、灌、草、水类型中
12	作物(Cropland)		
13	作物与自然植被镶嵌体 (Cropland/Natural Vegetation Mosaics)	4	作物(Cropland)
14	城市与建成区(Urban and Built-up)	5	建成区(Built-up)
15	冰与雪(Snow and Ice)		无
16	裸地或低植被覆盖地 (Barren/Sparsely Vegetated)	6	裸地(Barren)
17	水体(Water Bodies)	7	水体(Water Bodies)

注:此次贵阳市 LUCC 分类中未包含湿地、冰与雪等类型。

（2）神经网络地表分类

本研究在遥感软件 ENVI 4.6 支持下，利用 BP 神经网络分类方法对贵阳市 2001 和 2010 年的 ETM＋遥感影像进行监督分类。BP 神经网络，全称为"反向误差传播神经网络（Back-propagation Neural Net）"，它的学习过程由正向传播和反向传播过程组成。在正向传播中，输入信息从输入层经隐单元层，逐层处理并传向输出层，每一个神经元（像元）用一个节点表示，网络由输入层、隐层和输出层节点组成。在监督分类中，BP 神经网络是将图像中的每一个像元的灰度值规格化后输入网络中，然后将网络输出结果与每一类期望输出值进行比较，然后将像元判断分类到误差最小的一类之中。

在利用神经网络进行监督分类的过程中，最为关键的一步操作是训练样本的提取和纯化，即遥感影像中所有像元分类的参考样本的选择。本研究通过卫星影像目视判读和调查观测两种途径进行样本的采集，经 n 维可视化仪（n-Dimensional Visualization）端元选取和多次样本纯化后，将训练样本在 6 个波段对应的 DN 值进行辐射值计算，可得 7 类地物的辐射值曲线，据此可以判定 7 类地物样本采集的纯度，和彼此之间的相互干扰程度。辐射值的计算公式如下：

$$R_i = \frac{(R_{i\max} - R_{i\min})DN_i}{DN_{i\max}} - R_{i\min} \tag{3.27}$$

式中，R 是辐射值，单位为 $\mathrm{W/m^2 \cdot sr}$，D 是影像灰度值，i 是波段号，max 为最大值，min 为最小值。一般情况下，影像灰度值的最大值 $D_{i\max}$ 为 255，$R_{i\max}$ 和 $R_{i\min}$ 可通过辐射定标确定。

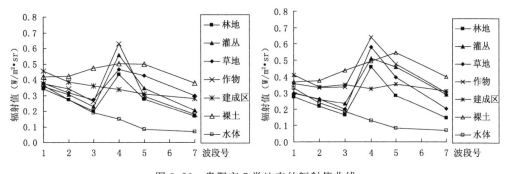

图 3.26　贵阳市 7 类地表的辐射值曲线

（左：2001-04-21，右：2010-05-24）

如图 3.26 所示，在 2001-04-21 和 2010-05-24 两个时段的 ETM＋影像中，林地、灌丛、草地和作物曲线变化形式接近，峰值都处在第 4 波段，建成区和裸地在 6 个波段的辐射值都很高，曲线起伏较小，7 类地表的辐射值曲线整体相互分离，区分明显，训练样本的辐射特征符合对应地表的光学特点，可以满足此次监督分类的需要。

（3）分类结果精度评估

对分类后影像进行精度评估，检验分类精度，分析误差产生的原因是遥感分类中必须的步骤之一。混淆矩阵计算是分类精度评价中一种比较常用的检测分类结果与地面真实类别信息之间差异的方法。表 3.11 列出了 2001 年和 2010 年两次分类结果的混淆矩阵，"列"表示真实样本中属于某类的像元点数量，"行"表示分类后，训练样本中各类像元被分到某一类的像元点数量。表中，真实样本中的各类像元点大部分都被分到了其对应的类别中，只有极个别的样本被错分到其他类别之中。

表 3.11　分类结果与训练样本混淆矩阵

年份	分类后类别	真实样本							总计
		林地	灌丛	草地	作物	建成区	裸地	水体	
	林地	2160	97	6	4	0	0	0	2267
	灌丛	33	1857	115	47	0	0	0	2052
	草地	6	169	1772	140	6	23	0	2116
	作物	7	64	210	1901	0	35	19	2236
2001	建成区	0	0	0	0	2044	156	22	2222
	裸地	0	0	4	0	71	1935	0	2010
	水体	0	0	0	9	0	0	2110	2119
	总计	2206	2187	2107	2101	2121	2149	2151	15022
	林地	2342	79	0	0	0	0	0	2421
	灌丛	17	2100	77	18	0	3	0	2215
	草地	9	22	1650	65	0	45	0	1791
	作物	0	31	81	2106	0	16	0	2234
2010	建成区	0	0	3	0	2288	99	11	2401
	裸地	0	0	0	3	186	1854	0	2043
	水体	4	0	0	0	9	0	1996	2009
	总计	2372	2232	1811	2192	2483	2017	2007	15114

　　由混淆矩阵产生的分类精度评价指标有错分误差(Commission Errors)、漏分误差(Omission Errors)、生产者精度(Producer's Accuracy)、使用者精度(User's Accuracy)、总体精度(Overall Accuracy)和 Kappa 系数等,这些评价指标从不同角度描述了分类结果的精度。前 5 项指标的计算方法比较简单,在此不再赘述。关于 Kappa 系数,它利用到了整个矩阵的信息,是一个对分类结果全面衡量的指标,其计算公式如下:

$$K = \frac{N\sum_{k=1}^{r} x_{kk} - \sum_{k=1}^{r}(x_{k+} \times x_{+k})}{N^2 - \sum_{k=1}^{r}(x_{k+} \times x_{+k})} \tag{3.28}$$

式中,K 为 Kappa 系数;r 为行数;x_{kk} 为混淆矩阵中第 i 行第 j 列的值;x_{k+} 和 x_{+k} 分别表示第 i 行和第 j 列的值之和,N 为所有类别的像素之和。由于 Kappa 系数充分利用了分类混淆矩阵中的信息,可作为分类精度评价的综合指标。

　　将两个年份的分类精度指标分别汇总成表 3.12,可见各年份的总体精度均在 90% 以上,Kappa 系数也都达到了 0.90 以上,满足遥感地表分类的要求。

3.2.3.4　演算结果与分析

　　(1)空间分布特征

　　图 3.27 显示了陆面温度的反演结果,从图上可以看到,2001-04-21 和 2010-05-24 对应的陆面温度变化范围分别为 15~31 ℃和 24~38.5 ℃。

表 3.12　分类精度评价指标

年份	类别	错分误差	漏分误差	生产者精度	使用者精度	总体精度	Kappa 系数
2001	林地	4.72%	2.09%	97.91%	95.28%		
	灌丛	9.50%	15.09%	84.91%	90.50%		
	草地	16.26%	15.90%	84.10%	83.74%		
	作物	14.98%	9.52%	90.48%	85.02%	91.73%	0.9035
	建成区	8.01%	3.63%	96.37%	91.99%		
	裸地	3.73%	9.96%	90.04%	96.27%		
	水体	0.42%	1.91%	98.09%	99.58%		
2010	林地	3.26%	1.26%	98.74%	96.74%		
	灌丛	5.19%	5.91%	94.09%	94.81%		
	草地	7.87%	8.89%	91.11%	92.13%		
	作物	5.73%	3.92%	96.08%	94.27%	94.85%	0.9399
	建成区	4.71%	7.85%	92.15%	95.29%		
	裸地	9.25%	8.08%	91.92%	90.75%		
	水体	0.65%	0.55%	99.45%	99.35%		

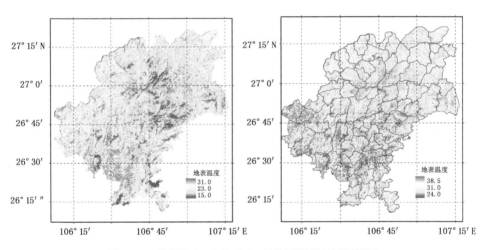

图 3.27　贵阳市 2001 和 2010 年陆面温度(单窗算法)

结合土地利用/覆盖类型的提取结果(图 3.28),从全市范围看,陆面温度的高温区域主要分布在南明、云岩、小河、白云等建成区,以及南部、西部的裸露土地和低植被覆盖区域;低温区域主要分布在红枫湖、百花湖、阿哈水库、乌江等地表水体,以及开阳县、修文县、乌当区、白云区、清镇百花湖乡等地区的林地、灌丛等高植被覆盖区域;稀疏灌丛、草地和农作物介于高、低温区域之间。地表高温区的空间分布不仅与城市建成区的分布相关,而且与裸露的土壤、岩石等无植被、低植被覆盖的区域关系密切。郁闭的植被覆盖对陆面温度有明显的抑制,尤其是森林公园、黔灵山等分布在主城区周围的大规模林地在建成区和裸地等低植被区域中形成明显的"绿岛"。

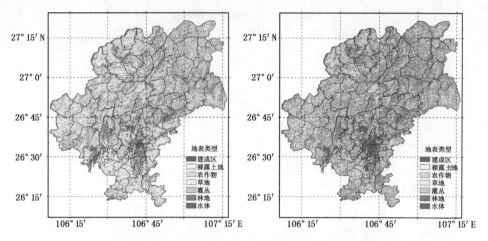

图 3.28　贵阳市 2001 和 2010 年土地利用/覆盖类型

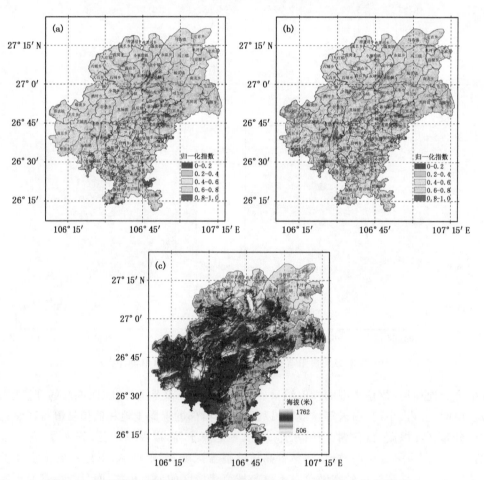

图 3.29　贵阳市 2001(a)和 2010(b)年陆面温度归一化指数与海拔高度(c)

在遥感分析软件 ENVI 中,采用线性函数转换对 2001 和 2010 年两个时次的陆面温度进行归一化处理,划分高温(1.0～0.8)、中高温(0.8～0.6)、中温(0.6～0.4)、中低温(0.4～

0.2)、低温(0.2～0)5 个等级(图 3.29)。通过制作掩膜,从土地利用/覆盖类型中分别提取 5 级地温所对应的地表类型,经统计分析,2001 年,高温区域中 66.2％为建成区、21.2％为裸地,7.6％为农作物,剩余 5.0％为草地、灌丛和林地等;低温区域中,32.9％为水体,27.6％为林地,22.4％为灌丛,17.1％为其他类型。2010 年,高温区域中 46.6％为建成区、34.1％为裸地,15.9％为农作物,剩余 3.4％为其他类型;低温区域中,29.7％为水体,29.1％为林地,21.6％为灌丛,19.6％为其他类型。可见,陆面温度在空间分布上与土地利用/覆盖类型存在一定的关系,其特征为高温主要分布于建成区和裸地,低温主要分布于水体、林地和灌丛。

　　在 ENVI+IDL 中,利用 RANDOMN 函数,在 2001、2010 年的 5 级陆面温度图和 DEM 数值高程图中随机抽取对应的 1000 个随机点,分别进行地温等级与海拔高度的回归分析,结果表明,2001 和 2010 年的相关系数分别为 −0.6729 和 −0.5633,陆面温度的空间分布与海拔高度存在一定的负相关性。

　　(2)时间演变特征

　　在 ArcGIS 对分级后的陆面温度进行矢量化处理,提取其像元格点数,分析两个时次的温度等级分布,探讨贵阳市高温、中、低温区域在 2001—2010 年的 9 年间演变情况。2003 年 5 月以后的 ETM+影像由于 SLC(机载扫描行矫正器)故障,所获得的影像存在周期性的条带状数据缺失,所以 2010 年遥感资料的数据量比 2001 年要少,为解决二者数据总量的差异,本研究选择两个时次中各级温度区在总像元格点数中所占比例,再以贵阳市的国土总面积为基数,计算各自对应的土地面积加以比较。

表 3.13　五级地温的统计分析(面积:km²)

温度等级	2001 年			2010 年			变化统计	
	格点数	比例	对应面积	格点数	比例	对应面积	面积	增减幅度
高温	222291	5.35％	429.44	478076	12.72％	1021.67	592.23	137.91％
中高温	1512124	36.37％	2921.59	1291031	34.35％	2759.82	−161.77	−5.54％
中温	1865144	44.86％	3603.67	1188801	31.63％	2540.75	−1062.92	−29.50％
中低温	448906	10.80％	867.33	648710	17.26％	1386.58	519.25	59.87％
低温	109607	2.64％	211.97	152218	4.05％	325.17	113.2	53.40％
总计	4158072	—	—	3758836	—	—	—	—

　　9 年间贵阳市五级地温的整体变化为高温区大幅度增加,中高温区变化较小,中温区相对减少,中低温区和低温区面积明显增加。表 3.13 显示,高温区面积从 2001 年的 429.44 km² 扩展到 2010 年的 1021.67 km²,增长 1.37 倍;中高温缩小 161.77 km²,减幅不足 6％;中温区基数较大从全市面积的 44.86％下降到 31.63％,减幅 29.50％;中低温区面积从 867.33 km² 扩展到 1386.58 km²,增加了 59.87％;低温区从 211.97 km² 扩展到 325.17 km²,增加了 53.40％。

　　一方面,高温区域的增加反映了贵阳市更多的区域在近 9 年里偏离了平均温度,进入到高温的行列。另一方面,中温区的减少、高温区和低温区的增大反映了贵阳市区域温度的差异在扩大,影响范围在增加,辖区内温度的空间分布向着更大的不均匀性发展。

3.2.3.5　土地利用/覆盖类型与陆面温度的关系

　　下垫面性质是影响城市热岛效应的重要因素,分析陆面温度高、低温区域对应的主要下垫面类型,有助于揭示土地利用/覆盖类型与热岛效应的关系。在 ArcGIS 平台下,从(106.61°E,26.78°N)到(106.71°E,26.32°N)划取一条剖面线,穿过息烽、修文、白云、金阳和花溪,参照以往的研究,水体和植被覆盖有助于降低陆面温度值,因此,本研究将地表类型以此定义为数值:水体－1、林地－2、灌丛－3、草地－4、农作物－5、裸地－6、建成区－7,以经度为横坐标,对剖面线划过的所有像元温度值和对应地表类型做剖面,如图 3.30 所示,陆面温度与土地利用/覆盖类型的曲线变化趋势基本一致,尤其在 106.61°～106.62°E、106.70°～106.71°E 的低温区域,对应土地利用/覆盖类型基本为水体－1、林地－2、灌丛－3、草地－4,在 2001 年 106.66°E 左右和 2010 年 106.67°～106.68°E 的高温对应着农作物－5、裸地－6、建成区－7 等土地利用/覆盖类型。

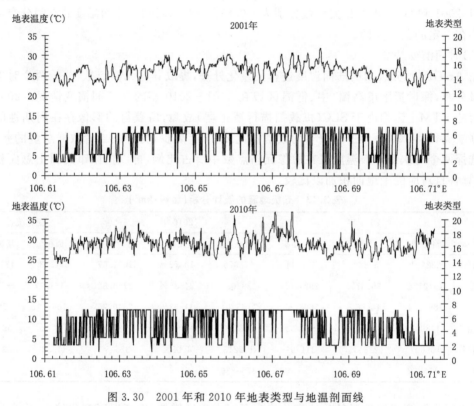

图 3.30　2001 年和 2010 年地表类型与地温剖面线

表 3.14　2001 年和 2010 年土地利用/覆盖类型对应地温级别像元统计

年份	地表类型	高温	中高温	中温	中低温	低温	总计
	建成区	17	48	183	61	1	310
	裸地	7	83	378	75	1	544
	作物	1	20	128	33	0	182
	草地	0	3	31	10	0	44
2001	灌丛	1	17	146	212	3	379
	林地	0	0	30	155	26	211
	水体	0	5	41	25	1	72
	总计	26	176	937	571	32	1742

续表

年份	地表类型	高温	中高温	中温	中低温	低温	总计
	建成区	61	180	138	54	7	440
	裸地	12	87	195	85	22	401
	作物	17	101	115	49	5	287
2010	草地	1	4	13	19	9	46
	灌丛	3	1	7	19	12	42
	林地	12	88	155	190	57	502
	水体	0	5	8	8	3	24
	总计	106	466	631	424	115	1742

表 3.15 列举了 7 类地表与 5 级地温之间的关联系数,与高温关联性最好的地表类型是建成区,平均关联系数为 0.0579;与中高温关联性最好的地表类型是建成区、裸地和作物,关联系数为 0.1001、0.0563、0.0444;各地表类型都与中温有较好的关联,与中低温和低温关联性最好的是林地和灌丛,其关联系数为 0.1845 和 0.1140。对于中温以外的陆面温度区域,取关联系数大于 0.05 的对应组合,由高温向低温排序为:高温建成区,中高温—建成区/裸地,中低温—林地/灌丛,低温—林地,可见林地是缓解陆面温度升高、改善环境温度的关键地表类型。需要指出的是,剖面线选取的地表像元中只有极少量水体存在,未能很好地反映水体在降低陆面温度中的作用。

表 3.15　地表与地温关联系数表

年份	地表类型	高温	中高温	中温	中低温	低温
	建成区	0.0359	0.0422	0.1153	0.0210	0.0001
	裸地	0.0035	0.0720	0.2803	0.0181	0.0001
	作物	0.0002	0.0125	0.0961	0.0105	0.0000
2001	草地	0.0000	0.0012	0.0233	0.0040	0.0000
	灌丛	0.0001	0.0043	0.0600	0.2077	0.0007
	林地	0.0000	0.0000	0.0046	0.1994	0.1001
	水体	0.0000	0.0020	0.0249	0.0152	0.0004
	建成区	0.0798	0.1580	0.0686	0.0156	0.0010
	裸地	0.0034	0.0405	0.1503	0.0425	0.0105
	作物	0.0095	0.0763	0.0730	0.0197	0.0008
2010	草地	0.0002	0.0007	0.0058	0.0185	0.0153
	灌丛	0.0020	0.0001	0.0018	0.0203	0.0298
	林地	0.0027	0.0331	0.0758	0.1696	0.0563
	水体	0.0000	0.0022	0.0042	0.0063	0.0033
	建成区	0.0579	0.1001	0.0920	0.0183	0.0006
	裸地	0.0035	0.0563	0.2153	0.0303	0.0053
	作物	0.0049	0.0444	0.0846	0.0151	0.0004
平均值	草地	0.0001	0.0010	0.0146	0.0113	0.0077
	灌丛	0.0011	0.0022	0.0309	0.1140	0.0153
	林地	0.0014	0.0166	0.0402	0.1845	0.0782
	水体	0.0000	0.0021	0.0146	0.0108	0.0019

　　陆面温度与土地利用/覆盖类型的关系十分密切,结合 3.2.2 节的结论,贵阳市陆面温度整体上升,热岛强度增大,此处两个年份中同一条剖面线下建成区的像元数量增加、建成区和裸地的高温点数量增多,反映了随着气候的变化和城市的发展,新开发的城市建成区和植被退化的裸露土地由中温、中高温向为高温的转化。

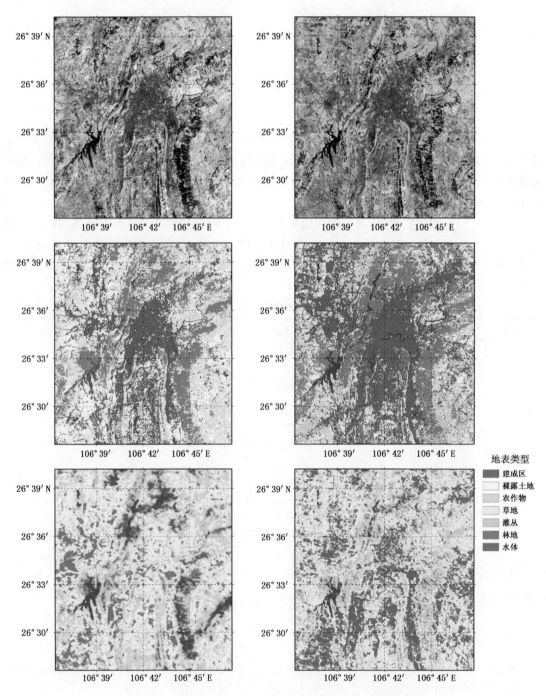

地表类型

■ 建成区
□ 裸露土地
▨ 农作物
▧ 草地
▨ 灌丛
▨ 林地
■ 水体

图 3.31　2001 与 2010 年主城区地温分布与地表类型比较

(上,RGB:742;中,土地利用覆盖/类型;下,归一化陆面温度)

如图 3.31,以南明区为中心提取贵阳市部分区域,可以更清楚直观地看到,在 2001 年和 2010 年,红色地表高温区直接对应于城市建成区和新开发的裸露土地,其分布和空间格局与建成区十分吻合;而蓝色低温区则与水体和林地相对应,高低温区域之间只有很窄的过渡带,以草地、灌丛、作物等地表类型相连接。

3.2.3.6　小结

贵阳市陆面温度在空间分布上表现为高温区主要分布于建成区和裸地,低温区主要分布于水体、林地和灌丛,陆面温度与海拔高度存在一定的负相关性,高海拔地区的陆面温度相对较低。在时间演变上,从 2001 年到 2010 年,贵阳市更多的区域偏离平均温度,进入高温行列;中温区减少、高温区和低温区增大,贵阳市陆面温度的差异在扩大,其空间分布向着更大的不均匀性发展。此外,土地利用/覆盖类型与陆面温度之间密切相关,关联性分析显示,二者的最强对应关系为:高温—建成区,中高温—建成区/裸地,中低温—林地/灌丛,低温—林地,林地和灌丛是缓解地表升温的关键地表类型。

此外,本研究使用单窗算法反演的陆面温度,所得结果与真实地温之间存在一定的误差。单窗算法所需的 3 个基本参数包括地表比辐射率、大气透过率和大气平均作用温度,根据覃志豪等(2001,2003,2004)对单窗算法中主要参数和反演过程的分析,利用单窗算法的误差范围不超过 1.1 ℃,大气透过率带来的误差小于 1.5 ℃,本节依据贵阳市气候特点对大气透过率估算方程进行了改进,误差范围在 0.9～1.3 ℃。

3.3　水体遥感监测应用与服务

3.3.1　水体遥感监测方法

水体、植被、土壤等在可见光和近红外波段的反射光谱特性有着较大的差异。水体在 0.4～2.5 μm 从可见光到近红外通道范围有很强的吸收,明显高于大多数其他地物,因而反射率在整个波段都很低,在近红外波段,水体几乎吸收了全部的入射能量,反射的能量很少,而植被在近红外波段吸收的能量较小,有较高的反射特性。在可见光通道波长范围,水体吸收的能量低于近红外通道,其反射率在 3% 左右,略高于植被的反射率。土壤的反射率在可见光通道波长范围高于植被和水体,在近红外通道高于水体,低于植被。因此,对于近红外通道和可见光通道的反射率比值,水体小于 1,植被大于 1,而在植被稀少的裸露土壤区域,处于 1 左右。

3.3.1.1　水体遥感监测通道

对于 NOAA/AVHRR 资料,可通过第一、二通道的差值和比值以及水体在红外通道辐射值较高实现水陆区分。对于 EOS/MODIS 卫星遥感数据,选用 MODIS 探测器 250 m 空间分辨率的通道 1、2 和 500 m 空间分辨率通道 3～7 的数据进行水体监测分析,保证了所选取的通道数据在可见光和近红外波长范围内,并且有较好的空间分辨率(见表 3.16),结合热红外通道 31 的地物表面温度,可以充分反演出水体的遥感信息特征。

表 3.16　MODIS 部分水体监测通道特征

通道	波长(pm)	光谱范围	主要用途	分辨率(m)
1	0.620~0.670	可见光	陆地、云边界	250
2	0.841~0.876	近红外	陆地、云边界	250
3	0.459~0.479	可见光	陆地、云特性	500
4	0.545~0.565	可见光	陆地、云特性	500
5	1.230~1.250	近红外	陆地、云特性	500
6	1.628~1.652	近红外	陆地、云特性	500
7	2.105~2.155	近红外	陆地、云特性	500
31	10.780~11.280	热红外	地表、云温度	1000

3.3.1.2　水体遥感监测模型

(1)差值模型

满足：

$$CH1 < A1, CH2 < A2, CH2 - CH1 < A3, CH31 < BT$$

则判识为水体。其中 CH1、CH2、CH31 对应为 MODIS 的通道 1、通道 2 的反照率和通道 31 的亮温值(以下同)，$A1 \sim A3$(Albedo,反照率)为反照率阈值，BT 为辐射亮温阈值。

(2)比值模型

比值植被指数 $Ra = CH2/CH1$ 满足：

$$CH1 < A1, CH2 < A2, Ra < Val$$

则判识为水体。其中 Val 为比值植被指数的相应阈值。

(3)归一化植被指数模型

归一化植被指数

$$NDVI = (CH2 - CH1)/(CH2 + CH1)$$

满足：

$$CH1 < A1, CH2 < A2, NDVI < Val$$

则判识为水体。

3.3.1.3　监测技术流程

(1)图像预处理

通过 DVB-S 系统的 EOSSHOP 图像处理软件自动完成解包,获得 hdf 数据文件,利用图像预处理模块进行定位、定标、投影、地理位置校正等 MODIS 资料的预处理,获得 ld2 数据文件,地理位置精度在一个像元内。

(2)水体遥感监测产品制作平台功能设计

水体遥感监测涉及气象、水利统计资料、卫星遥感资料、地理信息资料的综合分析处理,监测产品在人机交互的制作平台中生成,平台在基本的遥感图像处理功能基础上,针对水体识别的操作实现以下特色功能：

①图像组合显示。在图像的多通道组合显示时,实现原通道和各中间产品通道的任意组合,使图像增强的效果更好更灵活,有利于提高解译的精度。

②明确和灵活的解译区域确定。可以按矩形或任意勾画的封闭区域进行水体识别,有利于剔除与水体信息提取不相关因素的影响,特别减少了山脊阴影和云影的影响,便于按行政区

域统计水体面积。

③方便和快捷的水体人机交互识别。将不同模型参数同时调入,并且可以进行多模型组合,同时图像显示实时刷新,方便进行水体信息的识别和提取。

④判识阈值和判识结果的存贮。统计面积的同时记录对应所用判识的方法和对应阈值,便于水体的验证和修改,而且利于水体监测结果的数据库管理,为对比分析提供历史数据。

⑤产品可以叠加相应的行政边界、河流、城市等地理信息,还可以叠加不同时期的水体识别结果,便于对比分析。

用 EOS/MODIS 监测水体技术流程见图 3.32。

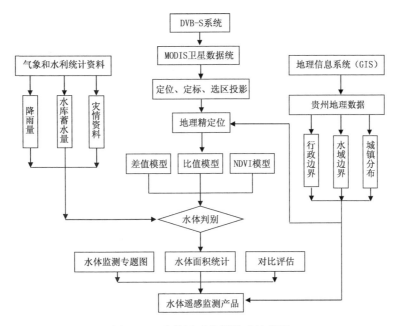

图 3.32 水体遥感监测技术流程图

3.3.2 贵州主要水域面积动态监测

对水体的遥感解译采取目视解译和计算机模式识别相结合方法,结合当时的降雨量变化和水位监测数据,以及当地气象部门收集上报的灾情,参考新闻媒体的报道,对解译结果进行验证和修改,图像清晰,所反映水体信息与实际情况基本相符。通过遥感动态监测水域面积的时空对比分析,结合农业气象情报,使用开发的系统平台制作出水体监测服务产品,实现了对水体的动态监测,通过对水体的遥感解译、面积统计及其时空分布特征分析,计算水体面积的变化和分析其分布状况,结合天气实况资料和水文监测资料,利用不同时期的多时相遥感影像信息的对比,制作水体遥感动态监测服务产品,以图文并茂的网页方式提供监测结果。

以 2005 年 10 月至 2006 年 9 月贵州境内 4 个主要的水体草海、红枫湖、万峰湖、洪家渡水库为例,利用水体遥感监测平台对水域面积进行季节变化的遥感动态监测,以了解当地的水源状况、缺水程度等情况。

3.3.2.1 草海监测

草海位于毕节地区威宁县,素有"高原明珠"之称,属国家级野生动物内陆湿地和水域生态保护区,是国家一级保护珍禽黑颈鹤越冬栖息之地,其生态环境的脆弱性、典型性、生物多样性、气候特殊性以及物种的丰富程度,在世界上都具有典型代表意义,因此,水资源的补给以保持其水域稳定对维持其生态环境至关重要。从 2005 年 10 月至 2006 年 9 月监测的情况看(图 3.33),草海水域面积全年变化不大,范围在 20.3 至 25.6 km²,旱季(12 月至次年 3 月)水体面积较小,受 2006 年贵州西部春旱影响,枯水期一直维持到 7 月 14 日,7 月 25 日监测恢复到丰水期面积,9 月 25 日达全年最高值 25.6 km²。

　　图 3.34 为 2006 年 9 月 25 日草海水体面积与 5 月 4 日草海水体面积(20.3 km²)对比,图中蓝色区为 5 月 4 日草海水体面积,粉红色区为 9 月 25 日新增面积。

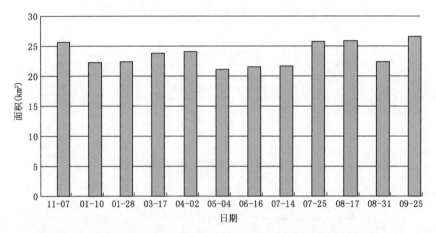

图 3.33　2005 年 10 月至 2006 年 9 月草海水体面积遥感监测统计

2006年5月4日草海监测　　　　　　　　　　2006年9月25日草海监测

图 3.34　2006 年 9 月 25 日草海水体面积与 5 月 4 日草海水体面积叠加

3.3.2.2　红枫湖监测

红枫湖地处贵州中部乌江主要支流猫跳河的上游,系 1958 年修建猫跳河梯级电站形成的人工湖,红枫湖肩负着饮用水、发电、农灌、养殖、防洪、调节气候、改善生态环境等多种功能,是贵阳市、清镇市和周边人民最重要的生活饮用水及工农业用水水源。2005 年 10 月至 2006 年 9 月监测其水体变化情况,由于红枫湖区常年有云覆盖,即使在夏秋比较晴朗的季节,湖区也常受到局地对流云影响,因此获取的晴空资料很有限,从监测的情况来看(图 3.35),湖区水域面积全年变化较大,范围在 33.6 至 48.5 km²,冬春季节水体面积较小,夏秋面积较大,8 月 17日达到监测到的全年最高值 48.5 km²。

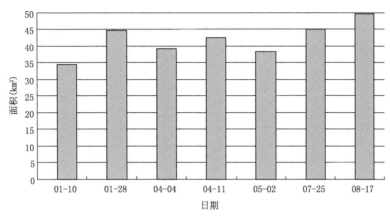

图 3.35　2005 年 10 月至 2006 年 9 月红枫湖面积遥感监测统计

图 3.36 为 2006 年 8 月 17 日红枫湖水体面积(48.5 km²)与 2006 年 4 月 4 日红枫湖水体面积(38.2 km²)对比,图中蓝色区为 4 月 4 日红枫湖水体面积,粉红色区为 8 月 17 日新增面积。

2006年4月4日红枫湖监测

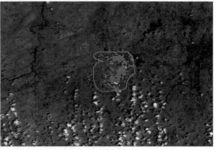

2006年8月17日红枫湖监测

图 3.36　2006 年 8 月 17 日红枫湖水体面积与 4 月 4 日水体面积叠加

3.3.2.3　万峰湖监测

万峰湖位于贵州省黔西南州兴义市和安龙县境内,地处滇、黔、桂三省区结合部,由国家重点工程—天生桥一级电站大坝将南盘江拦截而成水库,是红水河水电站梯级开发的龙头水库。

2005 年 10 月至 2006 年 9 月监测其水体变化情况,从监测的情况来看(图 3.37),湖区水域面积全年变化很大,范围在 107.7~158.7 km²,冬春季节水体面积较小,夏秋面积较大,受 2006 年贵州西部春旱影响,5 月 20 日湖区水体面积仅为 107.7 km²,达全年的最低值,春旱过后水面积逐渐增加,9 月 13 日达全年最高值 158.7 km²。

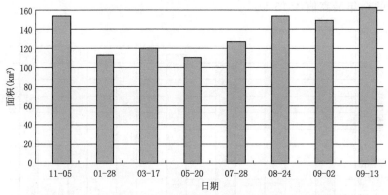

图 3.37　2005 年 10 月至 2006 年 9 月万峰湖面积遥感监测统计

图 3.38 为 2006 年 9 月 13 日万峰湖水体面积与 2006 年 5 月 20 日万峰湖水体面积对比,图中蓝色区为 5 月 20 日监测的万峰湖水体面积,粉红色区为 9 月 13 日监测的新增面积。

2006年5月20日万峰湖监测　　　　　　　　　　2006年9月13日万峰湖监测

图 3.38　2006 年 9 月 13 日万峰湖水体面积与 2006 年 5 月 20 日水体面积叠加

3.4　积雪遥感监测应用与服务

3.4.1　积雪遥感监测方法

卫星遥感积雪覆盖的依据是雪在可见光、近红外、远红外和微波波段的光谱特征,雪有很强的可见光反射和强的短波红外吸收特性,利用雪、云、耕地、森林和植被等下垫面在不同的光谱波段所具有的地物光谱特征,可建立积雪判识模式,从卫星遥感获取的综合数据中提取积雪信息(郑照军 等,2004)。

雪对太阳波谱反射率很强(几乎全反射),在蓝光波段的 0.49um 附近有一个反射峰,反射率高达 80% 以上,然后反射率随着波长的增加而降低,但在可见光区仍保持在 50% 以上的反射率,所以在图像上表现为白色。在近红外波段,雪的反射率继续下降,直至降到 20% 左右。

根据积雪的光谱特征,本研究采用多光谱半自动互阈值判识法监测积雪。理论研究表明。在短波红外波段云和雪的反射率有较大的差异,在这一波段内,云反射来自太阳的辐射,而积雪却吸收太阳辐射,因此,云的反射辐射将远远大于积雪。根据雪和云在可见光波段反射率相近,而在 $1.55 \sim 1.65\ \mu m$ 波段近乎相反的反射辐射特征,可以建立增大云、雪反差的归一化积雪指数(NDSI) (刘玉洁 等,2001):

$$NDSI = (CH1 - CH6)/(CH1 + CH6) \tag{3.29}$$

式中,CH1,CH6 分别为可见光和短波红外短波的反射率。当 NDSI>0.4,CH2>0.11,CH1>0.10 并且地表温度<285 K 时,判定该点为有雪。

3.4.2　积雪遥感监测应用

2004 年 11 月中旬出现强降温天气后,11 月 18 日,开始监测到北部高海拔地区出现积雪,其中遵义地区习水县北部边缘地区积雪面积为 18.2 km² (图 3.39),铜仁梵净山区积雪面积为 15.3 km² (图 3.40),从叠加的地形立体图上分析,积雪区均分布在高山地带较冷的北坡,与 17—18 日白天地面温度低温区相对应,这次积雪对作物生长影响不大。

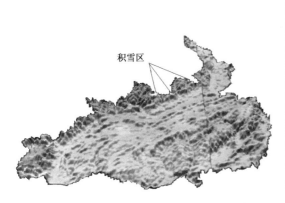

图 3.39　2004 年 11 月 18 日习水县积雪分布　　　图 3.40　2004 年 11 月 18 日铜仁梵净山区积雪分布

　　2004 年 12 月末一次寒潮天气过程,省内大部分地区出现降雪。2005 年 1 月 2 日监测到的贵州东部晴空区积雪分布(见图 3.41),面积达 1.78 万 km²。2005 年 1 月 8 日到 14 日,省内大部分地区又出现大范围降雪,根据地面气象测站资料,降雪较大的地区主要集中在贵州省的中部、东部及西部边缘地区。其中东部降雪最多的是三穗县,积雪厚度达到 60 cm,开阳、翁安及黄平一线接近 50 cm。西部地区的盘县达到 64 cm。通过将 12—14 日 EOS/MODIS 卫星遥感图像合成,得到省内降雪覆盖状况(见图 3.42)。东部的铜仁地区、黔东南大部、遵义地区东部、黔南州及贵阳市的部分地区的积雪面积达 25802.3 km²。由于云层的遮挡,未能显示西部地区的积雪情况。至入冬以来,全省范围气温比常年大幅度偏高,部分地区出现旱情,这段时间的降雪缓解了前期高温干旱,对越冬作物及森林植被生长十分有利。

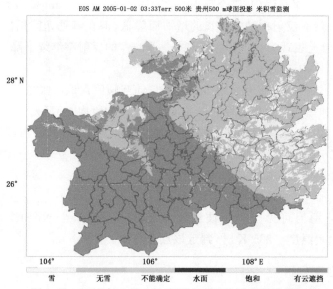

图 3.41　2005 年 1 月 2 日 EOS/MODIS 遥感积雪分布

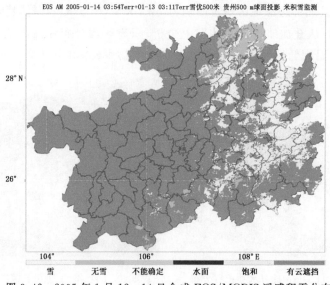

图 3.42　2005 年 1 月 12—14 日合成 EOS/MODIS 遥感积雪分布

图 3.43 是对 2008 年 2 月 15 日接收到的 Terra 卫星 EOS/MODIS 遥感数据进行云雪分离处理得到的反映了 2008 年 2 月 9—14 日大范围降雪后积雪的分布图像。从图中可以看到：由于地形的作用，贵州省的这次积雪在部分地区呈现了不连续、离散型的分布状态。贵州西南部和西部部分地区由于受到较厚的云层屏蔽，未能够对该部分地区的积雪进行有效监测。

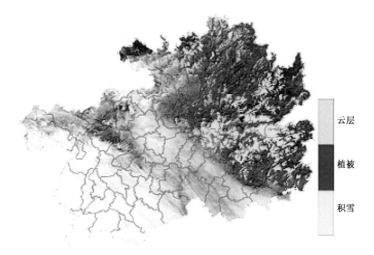

图 3.43　Terra 卫星 2008 年 2 月 15 日积雪遥感图像

根据全省各个气象站 2008 年 2 月 9—14 日地面观测的积雪深度（cm）观测值，绘制了以站代面的积雪区域的等值线图（图 3.44）。从图可以看到：在贵州省的北部、东北部和西北部部分地区，当地气象台站所在观测场地上没有观测到任何降雪的天气现象，即积雪观测值为 0。

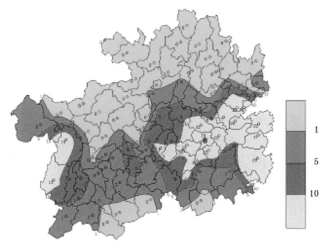

图 3.44　贵州省 2008 年 2 月 9—14 日地面观测积雪深度（cm）

对比地面气象台站观测等值线图和经过云雪分离处理的 Terra 卫星 EOS/MODIS 遥感监测图像可看出：用遥感监测积雪不但直观，而且对积雪的区域判识比用地面气象站的观测数据进行插值推算后得到的估计值较为准确。如对比图 3.43、图 3.44 可以看出：2008 年 2 月 9—14 日降雪的主要积雪区域遥感图像与地面观测资料插值法图存在部分差异。如在县气象站所在地没有观测到积雪的道真、正安、桐梓、习水、赤水等县所辖的部分地区出现了大面积积雪。同样在各县气象站所在地观测值为零的赫章、毕节、大方县的部分高海拔山区及梵净山地区出现了大片积雪区域。从图3.43、图3.44对比还可看出：遥感监测到的贵州东部积雪范围比地面气象站观测到的区域要广大，而且在许多区域呈现不连续分布状态。因此，在积雪的监测中，应用遥感监测技术比用地面气象观测站的数据插值推算估计要精确。特别在交通不便的边远山区、高山和各地县交界区域，在冬季出现降雪和凝冻天气时，地面观测人员难以及时到达这些地区对积雪的状况进行测量，应用遥感监测技术进行降雪监测的优越性是显而易见的。

第4章 灾害遥感监测研究与应用

4.1 土壤湿度与干旱

贵州地处亚热带季风气候区,距南部海洋较近,水汽丰富,年雨量多在1100~1300 mm,其中半数集中在6—8月。但由于喀斯特高原山区的地理环境,贵州境内地形复杂,地势陡峭,土层瘠薄,地表水以径流为主,水分流失大,土壤蓄水保水能力较差,夏季往往10天不下雨旱象就会露头,超过18天就会出现干旱。再加上降水的时间、空间分布不均匀,年际之间变化大,常有区域性、阶段性的干旱发生。

因此,干旱监测对于各级政府和职能部门及时了解旱情及其分布,采取积极有效的应对措施,科学指导农业生产,具有重要意义。传统的干旱监测局限于稀疏点上的土壤含水量数据来监测旱情及分布范围,数据量少,代表性差,无法实现大范围干旱灾害的动态监测。而卫星遥感信息因其宏观、动态、客观、时效性好的特点,为大范围的干旱灾害监测提供了一种高效、便捷的技术平台,尤其在贵州复杂的地理环境下更具有特殊意义。

用卫星遥感方法监测土壤水分和干旱的研究始于20世纪70年代,国内80年代逐渐开展这方面的工作,且多是基于NOAA—AVHRR、LandSat TM等传感器进行,采用的旱情指标或者建立在植被指数基础上,或者建立在陆面温度基础上,或者通过实际蒸散和潜在蒸散的比值来取得。归一化植被指数(Deering,1978)作为水分胁迫指标适宜在植被覆盖条件下使用,但存在一定的滞后性;而土壤热惯量法进行土壤水分状况评价只能用于裸土或稀疏的植被覆盖,且环境因素限制很大。Jupp等建立的归一化温度指数(Normalized Difference Temperature Index,NDTI)能很好地描述土壤供水能力,比NDVI具有更高的时效性;以冠层或叶片辐射温度信息作为旱情评价指标早在20世纪80年代初期就得到广泛的应用,但两者都受土壤背景信息的影响。总的说来,诸种方法各有优缺点,但有明显的互补作用。

4.1.1 土壤湿度和植被干旱反演方法

4.1.1.1 基本原理

旱情的遥感监测基于土壤水分和植被状况,对于裸地卫星遥感重点是土壤的含水量,对于有植被覆盖的区域遥感的重点是植被指数的变化及植被冠层蒸腾状况的变化。卫星遥感可见光波段可反映植被的吸收特性,近红外波段可反映植被的反射特性。用这两个波段的数学组合,就可以提取出反映作物长势(即叶绿素含量)的信息。当植被的叶绿素含量增高时,其在可见光波段的反射值减小,而在近红外波段的反射值增大,因而

NDVI 的值出现增大；当植被受旱导致水分减少时，叶绿素含量也相应减小，其在可见光波段的反射值增大，而在近红外波段的反射值减小，NDVI 的值也相应地减小。绿色农作物在可见光和近红外波段截然相反的强吸收和强反射的光谱特性正是农作物旱灾监测的理论依据。根据农作物的上述光谱特性，许多研究人员提出了各种植被指数作为农作物生长状况和旱灾等的判断标准。

对裸土来说土地表面温度指的是土壤表面温度，浓密植被覆盖的土地表面温度可以认为是植物冠层的表面温度。植物冠层温度升高是植物受到水分胁迫和干旱发生的最初指示器，这一变化甚至在植物为绿色时就可能发生。这是因为植物叶片气孔的关闭可以降低由于蒸腾所造成的水分损失，进而造成地表潜热通量的降低，根据能量平衡原理，地表的能量必须平衡，从而将会导致地表感热通量的增加。感热通量的增加又可以导致冠层温度的升高。因此，土地表面温度可用于干旱监测。

4.1.1.2　技术方法

根据以上光谱特征分析，对于极轨气象卫星 NOAA 系列遥感，我们选用 AVHRR 的通道 1、2、4 进行干旱监测，对于地球观测卫星 EOS 系列，MODIS 32 通道和 31 通道辐射数据反演的亮度温度近似于下垫面的物理温度，选用 MODIS 探测器 250 m 空间分辨率的通道 1、2 和 1000 m 空间分辨率通道 31、32 的数据进行干旱监测分析，应用植被指数 NDVI 与陆面温度 LST 为主要因子建立干旱遥感监测模型，计算干旱指数，并确定干旱指标、干旱等级和受旱面积。

（1）反演计算植被指数 NDVI 与陆面温度 LST

$$NDVI=(CH2-CH1)/(CH2+CH1) \tag{4.1}$$

$$NOAA：\quad T_s=CH4 \cdot \varepsilon \tag{4.2}$$

$$MODIS：\quad T_s=\{T_{31}+1.8(T_{31}-T_{32})+48(1-\varepsilon)-75\Delta\varepsilon\}$$

式中，CH1、CH2 为 AVHRR/NOAA 或 MODIS 通道 1、2 的反照率；T_s 为陆面温度；T_{31}、T_{32} 分别为 MODIS 通道 31、32 的亮温值；ε 为比辐射率。

（2）结合常规气象观测资料、农业灾情资料确定干旱指数的干旱等级划分阈值，进行干旱等级划分，对图像上的不同干旱等级的灰度范围进行统计可得出不同等级的干旱面积。

（3）对建立的模型进行验证、修改、完善。

根据贵州的实际情况和地表条件，我们分别选用了植被指数、下垫面亮度温度，植被供水指数、温度植被干旱指数等干旱遥感监测模型来进行贵州复杂地形干旱遥感监测研究，其中植被供水指数和温度植被干旱指数模型获得了较好的效果。

4.1.2　植被供水指数干旱监测模型与效果检验

4.1.2.1　植被供水指数

植被供水指数（VSWI）同时考虑了归一化植被指数（NDVI）和地表亮温（T_s），适合于常年植被覆盖较高的地区。植被供水指数干旱监测模型以归一化植被指数和遥感亮温为因子，定义式为：

$$VSWI=NDVI/T_s \tag{4.3}$$

VSWI 的物理意义是：当作物供水正常时，卫星遥感的植被指数在一定的生长期内保持在一定的范围,而卫星遥感的作物冠层温度也保持在一定的范围,如果遇到干旱,作物供水不足,一方面作物的生长受到影响,卫星遥感的植被指数将降低。另一方面作物的冠层温度将升高,这是由于干旱造成的作物供水不足,作物没有足够的水供给叶子表面的蒸发,被迫关闭一部分气孔,致使植被冠层温度升高。

4.1.2.2　地面干旱指数及旱级的确定

对于干旱的遥感监测,大多数方法是将卫星资料与土壤湿度加以对比,建立遥感模型。但贵州省进行土壤水分观测的农业气象实验站较少,而且资料不连续,再加上地形、地势的复杂性,使观测的土壤水分资料不具代表性,不宜建立遥感模型。为了将本研究结果与地面的干旱情况相对比,我们用降水资料确定了地面于旱指数和旱级。干旱指数由下式表示

$$G_i = \begin{cases} 250 & R_i = 0 \\ 100\left(1 - \dfrac{R_i}{R_{47}}\right) + 100\left(\dfrac{d_i}{d_{47}} - 1\right) + 150 & \\ 50 & d_i = 0 \end{cases} \tag{4.4}$$

式中,G_i 为干旱指数;$\overline{R_{47}}$ 为全省 47 个站的同期平均降雨量;R_i 为某站某年同期雨量;d_i 为某站某年同期的日雨量<1.0 mm 的累计日数;$\overline{d_{47}}$ 为 47 个站的同期日雨量<1.0 mm 的累计日数平均值。这样得出的干旱指数值不仅可反映单站年际间的变化,而且可反映出于旱指数在地区间的差异。

在上式的基础上确定的各干旱等级如表 4.1 所示。

表 4.1　地面旱级标准

干旱指数法	旱级
$G_i \geqslant 200$	重旱
$180 \leqslant G_i < 200$	中旱
$165 \leqslant G_i < 180$	轻旱
$G_i < 165$	无旱

4.1.2.3　指标检验

1995 年 7 月、8 月,贵州发生了比较严重的夏旱天气,持续多日高温少雨,造成秋粮大面积减产,8 月 1 日正是旱情较重的时候,同时也是秋粮生长需水关键期,而这一天的卫星遥感图上贵州地区出现大范围晴空区,参照 7 月下旬的农气旬月报和灾情报告,以及前期逐日降水、连续无雨日、降雨距平、灌溉区分布等资料,分别计算了这一时次的植被指数、地面亮温、植被供水指数(图 4.1)。将遥感干旱监测图像旱级和与之相对应的 7 月下旬地面干旱指数确定的旱级做检验,结果见表 4.2。

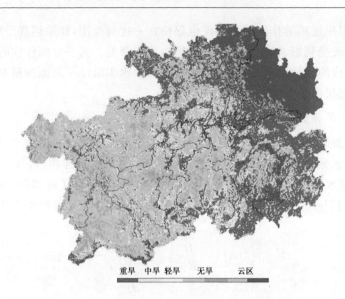

重旱　中旱　轻旱　　无旱　　云区

图 4.1　卫星遥感 1995 年 8 月 1 日干旱监测图

表 4.2　卫星遥感干旱监测旱级与地面干旱指标旱级对比

站名	地面旱级	NDVI 旱级	CH4 旱级	VSWI 旱级
镇远	重旱	重旱	无旱	重旱
天柱	重旱	重旱	重旱	重旱
凯里	重旱	重旱	重旱	重旱
从江	重旱	重旱	重旱	重旱
贵定	重旱	重旱	中旱	重旱
贵阳	重旱	重旱	轻旱	重旱
仁怀	重旱	重旱	重旱	重旱
遵义	重旱	重旱	无旱	重旱
石迁	重旱	重旱	轻旱	重旱
瓮安	重旱	重旱	重旱	重旱
荔波	重旱	重旱	重旱	重旱
习水	重阜	重旱	中旱	重旱
惠水	重旱	轻旱	重旱	中旱
黔西	重旱	无旱	重旱	无旱
开阳	重旱	无旱	轻旱	无旱
平坝	重旱	无旱	重旱	无旱
都匀	重旱	无旱	重旱	重旱
桐梓	重旱	无旱	轻旱	轻旱
湄潭	重旱	无旱	无旱	无旱
大方	轻旱	轻旱	无旱	无旱
独山	轻旱	无旱	轻旱	轻旱
威宁	无旱	无旱	无旱	无旱
黎平	无幂	中旱	重旱	重旱
安顺	无旱	无旱	轻旱	无旱
紫云	无旱	无旱	无旱	无旱
水城	无旱	无旱	无旱	无旱

续表

站名	地面旱级	NDVI 旱级	CH4 旱级	VSWI 旱级
晴隆	无旱	无旱	无旱	无旱
望漠	无旱	无旱	重旱	无旱
安龙	无旱	无旱	无旱	无旱
金沙	无旱	无旱	中旱	无旱
赫章	无旱	无旱	无旱	无旱
纳雍	无旱	无旱	无旱	无旱
织金	无旱	无旱	无旱	无旱
六枝	无旱	无旱	无旱	无旱
盘县	无旱	无旱	无旱	无旱
兴仁	无旱	无旱	无旱	无旱
兴义	无旱	无旱	轻旱	无旱
毕节	无旱	无旱	无旱	无旱

表中三种干旱监测模型监测的旱情与地面旱情基本相符,准确率分别为 76.3%、60.5%、78.9%,其中地面亮温监测干旱误差较大,这是因为下垫面温度主要受天气季节及所处纬度、海拔高度的影响,用同一阈值在全省范围内确定干旱等级会出现与地面旱情不相符,在实际应用中受到很大限制,VSWI 监测干旱效果最好,同时也存在一定误差。它的误差主要来源于下列 3 个方面:

(1)下垫面自然环境条件差异,这主要是气候条件和植被生长状况的差异,这些差异不仅能造成地表温差的不同,还造成植被指数地区间差异。

(2)卫星资料接收、地理定位、经纬度校正等预处理过程中产生的像元变形误差和定位误差。

(3)用地面干旱指数来表示实际旱情的误差。

将遥感监测的 NDVI、Ts、VSWI 值与地面对应站点的干旱指数求相关,相关系数分别为 0.5674、0.5043、0.5939,均通过 $\alpha > 0.01$ 的显著检验,其中植被供水指数与地面干旱指数相关性最好,这与上面得出的结论一致。为了具体确定旱情的地区分布及程度,我们用 VSWI 指标模型定出了各地州的受灾面积(表 4.3)。表中比例为受旱面积占该地区面积的比例。

表 4.3　遥感监测 1995 年 8 月 1 日各地州受灾面积(km²)

政区名称	受旱面积	受旱比例	重旱面积	重旱比例
贵阳市	1169	48.6%	423	17.6%
六盘水市	2578	26.0%	933	9.4%
遵义地区	17960	58.4%	11355	36.9%
铜仁地区	2286	12.7%	2055	11.4%
黔西南州	4760	28.3%	1490	8.9%
毕节地区	9511	35.4%	2757	10.3%
安顺地区	6623	44.5%	2087	14.0%
黔东南州	22574	74.4%	15703	51.8%
黔南州	15425	58.9%	7351	28.1%

将卫星遥感 VSWI 值与地面干旱指数建立关系,为了选择最优化模型,我们分别建立了线性、对数、幂函数、指数、指数函数、S 形曲线 6 种模型,各种模型的回归方程和拟合精度见表

4.4,表中 y 代表地面干旱指数;x 代表植被供水指数 VSWI;N 为样本数;r 为相关系数;s 为剩余标准差。

模型均通过 $\alpha > 0.01$ 的相关显著性检验,其中对数模型和指数函数型模型相关系数最高。对数模型剩余标准差最小,为最好的拟合模型。

表 4.4　各种模型的回归方程和拟合精度

模　型	y	r	s
线性模型	$y=66.7069+6.5823x$	0.5939	67.91
对数模型	$y=-180.1266+132.4462x$	0.6810	61.81
	$y=-180.1266+304.9706x$		
幂函数模型	$y=9.9356x^{1.0089}$	0.6458	74.84
指数模型	$y=65.4273e^{0.0498x}$	0.5598	184.69
指数函数模型	$y=468.5436e^{-15.2998/x}$	-0.6844	64.06
S 型曲线模型	$y=1/(0.0078+20.6397e^{-x})$	0.4963	89.39

4.1.2.4　植被供水指数模型应用实例

2005 年 7 月下旬,受前期高温少雨天气影响,贵州各地开始出现干旱,7 月 26 日,利用中国风云 1D 极轨气象卫星信息监测到贵州干旱分布及程度见图 4.2。遥感图上贵州省东北部部分地区出现的不同程度的干旱,其中铜仁地区的德江、沿河、松桃、江口和遵义的正安、务川旱情较重,表现为中旱,以紫红色表示,其余黄色地区为初旱。

7 月 27 日,旱情加剧(见图 4.3),铜仁地区的松桃、万山、铜仁、沿河、德江等县和黔东南的黎平、从江、锦平、雷山、榕江、麻江等县大部分地区,以及遵义的绥阳、桐梓、务川、正安等县小部分地方旱情较重,表现为中旱,以紫红色表示,其余黄色地区为轻旱。

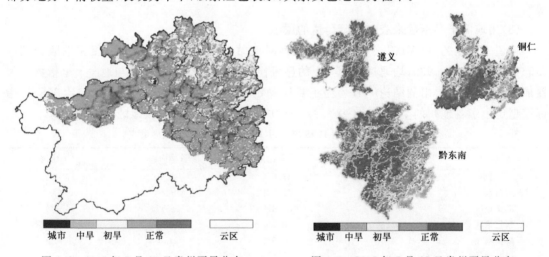

图 4.2　2005 年 7 月 26 日贵州夏旱分布　　　图 4.3　2005 年 7 月 27 日贵州夏旱分布

2005 年 7 月 28 日,旱情维持(如图 4.4),由于受云影响,云边界和薄云区显示旱情偏重,实际旱情大多为轻旱到中旱,呈插花性分布,个别地区达到重旱,铜仁地区多个县出现旱情,其中松桃、铜仁、玉屏、沿河、德江、思南等县中旱面积较大,黔东南台江、凯里、麻江、三穗等县主要为初旱,遵义地区的务川中旱面积增大,遵义县、绥阳县主要为初旱。

　　将 7 月 25—29 日卫星遥感的干旱信息进行多天合成,得到全省 7 月下旬的干旱监测分布图(如图 4.5)。7 月下旬干旱主要分布在铜仁地区,遵义地区以及黔东南州。铜仁地区的松桃、铜仁市、沿河、德江、思南、玉屏等县,遵义市的正安、务川、仁怀等县以及黔东南州的麻江、凯里、黎平、榕江、天柱等县为中旱。其中凯里市、玉屏县等地个别地方出现重旱,沿河已出现大面积重旱。

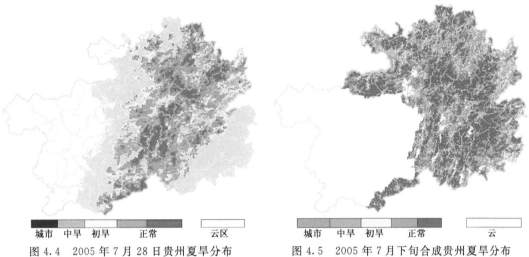

图 4.4　2005 年 7 月 28 日贵州夏旱分布　　　　　　图 4.5　2005 年 7 月下旬合成贵州夏旱分布

　　8 月上旬,全省各地持续多云天气,遥感图上云覆盖率大多在 9 成以上,通过多天合成仍未消除其影响,不能做出遥感干旱监测产品,但旱情仍然维持。截止到 2005 年 8 月中旬,原来主要影响省东部、南部及北部部分地区的夏旱蔓延到全省,各地均出现不同程度的干旱。将 2005 年 8 月中旬卫星遥感信息多天合成出贵州干旱分布及程度见图 4.6。其中全省旱情大多

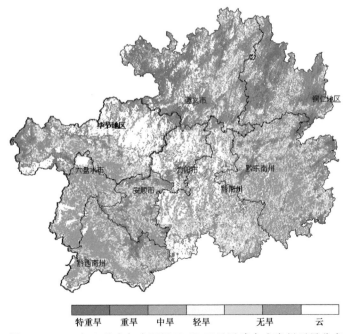

图 4.6　2005 年 8 月中旬中国风云 1D 卫星遥感合成贵州干旱分布

为重旱到特重旱,以东北部的遵义、铜仁和黔东南州东北部、毕节地区西部最重,贵州西南部地区最轻,以红色显示的特重旱区主要分布在遵义地区仁怀、习水、桐梓、正安,铜仁地区沿河、德江、铜仁、玉屏,黔东南州天柱,毕节地区威宁等县市,粉红色显示的重旱区除了在上述县市均有大范围分布外,还在遵义、绥阳、瓮安、余庆、思南、松桃、贞丰、安顺、普定等县市大面积出现。各地晴空区出现的各级干旱面积见表 4.5。

表 4.5　2005 年 8 月中旬中国风云 1D 卫星遥感干旱监测面积表(单位:km^2)

地州(市)	特重	重旱	中旱	轻旱
贵阳市	681.29	884.39	712.82	718.66
遵义市	5691.37	10989.2	4556.89	2803.37
铜仁地区	2721.66	8577.92	2954.92	1776.77
毕节地区	6910.87	6406.58	2269.56	2028.29
六盘水市	445.86	951.37	728.32	959.52
黔西南州	780.95	2141.97	1821.38	2008.58
安顺市	491.19	2408.73	1510.98	1366.93
黔南州	940.33	2706.04	3133.7	3589.14
黔东南州	976.36	5096.65	4448.58	4758.95
贵州省	34042.2	54565.1	36539.4	34412.5

4.1.3　温度植被干旱指数模型及应用研究

温度植被干旱指数(TVDI)以植被指数与陆面温度相结合的 NDVI-Ts 空间来评价区域旱情,以减小植被覆盖度对干旱监测的影响。本研究利用 MODIS 植被指数和陆地表面温度建立贵州喀斯特高原山区 NDVI-Ts 空间,然后计算其温度植被干旱指数,分析土壤干旱状况,并通过各地气象局信息和野外同步采样的土壤湿度数据验证,进行贵州喀斯特山区干旱预警与监测应用研究。

4.1.3.1　数据处理

2006 年 6 月下旬至 8 月底我国西南地区出现大范围的高温干旱,贵州北部地区亦有不同程度干旱发生,降雨量偏少 4～7 成,部分地区偏少 8 成多,出现了近 50 年以来最为严重的干旱,给农业生产和人民生活带来了很大影响。

本研究的数据来源于 DVB-S 遥感地面接收系统接收的 2006 年 7 月 25 日、8 月 10 日和 2007 年 8 月 19 日的 MODIS 数据,并通过该系统进行解码、几何纠正,并采用等经纬度投影生成 1d2 文件,然后提取其中 1、2、31 和 32 通道的数据。

数据处理具体步骤如下:

(1) 1、2 通道的数据用于计算 NDVI;

(2) 31、32 通道的数据通过 Becker 的热辐射方程,计算陆地表面温度值;

(3) 在 VB 编程环境下,编程求取陆地表面温度的最大值和最小值;

(4) 利用 $Ts=a+b×NDVI$ 公式,分别模拟干边、湿边,求出拟合系数 a、b 的值;

(5) 运用 TVDI 模型公式,计算出区域内的 TVDI 并进行 0、1 化处理,得到全省干旱等级及其分布。

　　（6）最后与野外同步采集的土壤湿度数据进行相关性分析。

4.1.3.2　TVDI 的普遍特征

　　研究发现陆地表面温度与植被指数呈显著的负相关关系，Price 和 Carlson 发现当研究区域的植被覆盖度和土壤水分条件变化范围较大时，以遥感资料得到的 NDVI 和 Ts 为横纵坐标得到的散点图呈三角形，Moran 等发现散点图呈梯形，在相同大气和地表湿度状况下，不同的地表类型有着不同的 NDVI/Ts 斜率和截距。这些分布形态就是所谓的 NDVI-Ts 空间。

　　图 4.7 是 NDVI-Ts 特征空间的示意图，左侧边代表不同湿度的裸土温度，随着湿度的降低，温度升高，横轴表示植被指数由裸地到最大（接近于 1），斜线表示在一定的土壤湿度下，地表温度随植被指数增加而下降，在 NDVI-Ts 特征空间中不同的等值线代表不同的干旱程度。例如，TVDI 值为 1 是干边，代表土壤缺水；TVDI 值为 0 则是湿边，具有最大的土壤水分蒸发蒸腾总量和无限的水分供应。干边和湿边反映了土壤水分的两个极端状态。

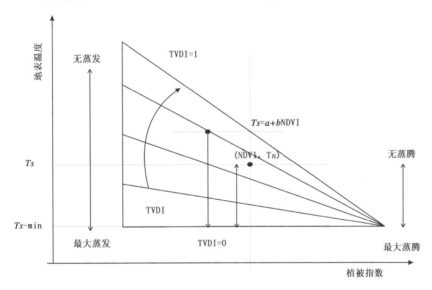

图 4.7　TVDI 原理示意图

　　由 NDVI-Ts 空间提取湿边和旱边方程分别为

$$T_{s-\min} = a_1 + b_1 \times \text{NDVI}, \tag{4.5}$$

$$T_{s-\max} = a_2 + b_2 \times \text{NDVI}, \tag{4.6}$$

其中，$T_{s-\min}$ 和 $T_{s-\max}$ 为在相同 NDVI 下的最低和最高陆地表面温度，亦即湿边和干边温度，a_1、b_1、a_2、b_2 为回归系数，分别代表湿边和干边方程的截距和斜率。

　　Sandholt 等（2002）以上述植被指数和地表温度的关系，由干边和湿边方程建立温度植被干旱指数（TVDI）计算式，估测土壤表层水分状况：

$$\text{TVDI} = \frac{Ts - (a_1 + b_1 \times \text{NDVI})}{(a_2 + b_2 \times \text{NDVI}) - (a_1 + b_1 \times \text{NDVI})} \tag{4.7}$$

式中 TVDI 越大，土壤湿度越低，反之，则土壤湿度越高。式中考虑了植被指数与地表温度的相互作用，所以 TVDI 较好地改变了单纯基于植被指数或单纯基于陆面温度进行土壤水分状态监测的不足，有效地减小了植被覆盖度对干旱监测的影响，提高了遥感旱情监测的准确度和实用性。

4.1.3.3　贵州喀斯特山区的 NDVI-Ts 特征

运用上述原理和方法,本研究选取了近来较为典型的遥感资料进行分析处理,得到贵州的 NDVI-Ts 特征图(如图4.8)。可以看到三张图中的干边或湿边形状分别均很相似,呈现一种独特的"弓形"结构,干边为一条向下开口的曲线,两端与湿边连接,形成一条闭合曲线。形成这一分布状况与喀斯特地质地貌和空气中水汽多云量大有关,其成因有待进一步研究。

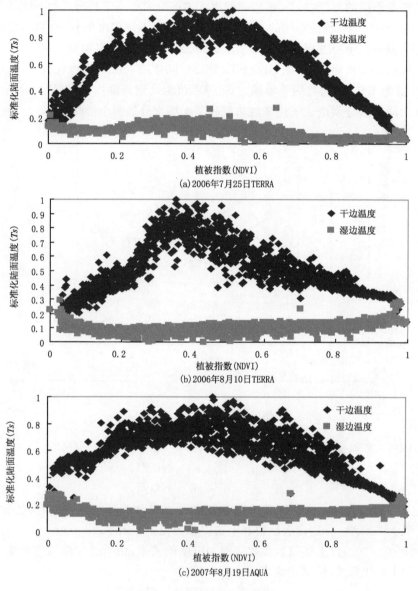

图 4.8　贵州的 TVDI 特征

图中当 NDVI 取一定值时陆地表面温度最大值达到最大,偏离这一值时,陆地表面温度最大值均逐渐减小,尤其是随着 NDVI 值的增大,陆地表面温度的最大值与 NDVI 呈较好的线性关系,而陆地表面温度的最小值则变化不大,总体呈略微增加的趋势。

4.1.3.4 贵州特殊的 NDVI-Ts 特征空间的计算处理

利用 NDVI 数据集合分裂窗算法计算陆地表面温度,再将 NDVI 数据加密以提高精度和级数,以此提取每个 NDVI 数据点上的最大和最小陆地表面温度,得到 NDVI-Ts 特征空间。计算干湿边方程时先是将图 4.8 中的弓形分布数据利用非线性模拟,但反演的地面干旱结果较差(过程略)。原因是图 4.8 中左侧数据是受云层覆盖影响的区域,空气中水分含量高,遥感辐射透过率低,使得反演的地面温度低,同时植被指数也低,不符合 NDVI-Ts 的规律。鉴于此最终还是按照图 4.7 所示 Ts 与 NDVI 的关系,干边的地面温度与植被指数呈现较好的线性负相关,以图 4.8 中干边顶点为界,选取干边右侧单调下降的这部分干湿边数据进行计算,取得很好的效果(见图 4.9)。

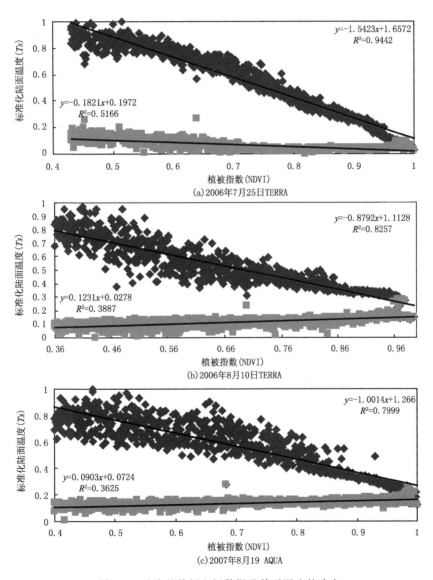

图 4.9 选取的特征空间数据及其干湿边的确定

利用(4.7)式,计算全省的 TVDI 分布,并以 TDVI 作为干旱分级指标,将干旱划分湿润(0 <TVDI<0.2),正常(0.2<TVDI<0.4),轻旱(0.4<TVDI<0.6)和重旱 (0.8<TVDI< 1.0)4 级,得到干旱等级分布图(如图 4.10 所示)。图 4.10a 是贵州省 2006 年 7 月 25 日的 TVDI 等级分布图,时值贵州北面的川渝正遭受 50 年一遇的高温干旱天气。由图可见,与之 接壤的贵州北部的部分地区亦有不同程度干旱发生,图 4.10b 是 2007 年 8 月 19 日干旱等级 分布图。如图 4.10 所示:贵州省北部地区处于重庆干旱区域的南部边缘,持续的干旱少雨天 气,使得该区域出现一定旱情,其中赤水、沿河、绥阳等县干旱较重。

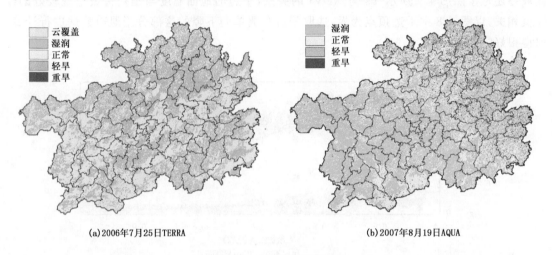

(a) 2006 年 7 月 25 日 TERRA　　　　　　　　　　(b) 2007 年 8 月 19 日 AQUA

图 4.10　干旱等级分布图

4.1.3.5　验证评价

在全省 43 个土壤湿度观测站中,挑选出晴空云少的站点 0~10 cm 土壤湿度重量百分比 数据,以土壤湿度重量百分比为横坐标,TVDI 值为纵坐标,形成土壤含水量－TVDI 的散点 图。如图 4.11 所示,两图中除了个别的数据外,可以看出土壤湿度和温度植被干旱指数表现 出明显负相关关系,对线性拟合结果经过 t 检验发现线性回归方程达到显著水平,这说明温度 植被干旱指数能够反映地表土壤水分状况,作为干旱评价指标有一定的合理性,表明用 TVDI 进行表层土壤水分干旱监测具有一定的应用价值。

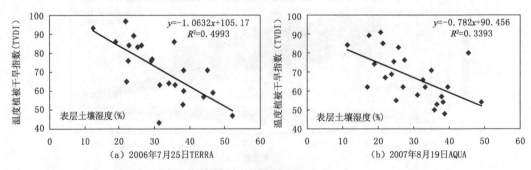

(a) 2006 年 7 月 25 日 TERRA　　　　　　　　　　(b) 2007 年 8 月 19 日 AQUA

图 4.11　表层土壤含水量和
温度植被干旱指数(TVDI)关系

4.1.3.6　小结

本研究根据 NDVI-Ts 空间的原理,利用陆地表面温度和植被指数建立 NDVI-Ts 空间,分析了 3 个较为典型遥感资料,揭示出贵州 NDVI-Ts 空间独特的弓形结构特征,并利用温度植被干旱指数(TVDI)方法反演 2006 年 7 月 25 日贵州省全境的地表干旱情况,对 2007 年 8 月 19 日的全省性土壤水分状况进行监测,并用各地气象局表层土壤湿度同步观测信息对结果进行定量验证。结果表明,TVDI 与土壤湿度显著相关,与实地同步野外采集的土层湿度数据结果相一致,表明该方法可以用来对大区域干旱进行监测。虽然该方法在干旱监测中具有突出的优势,但由于陆地表面温度受到地带性影响,尤其是贵州复杂的地形,潮湿的空气和郁闭的云层,在这些经验模式中未能综合考虑这些因素,会引起一定的偏差,尚需进一步研究完善。

4.2　林火

4.2.1　火点判识方法

4.2.1.1　火点监测波段

由普朗克黑体辐射波谱曲线可知,辐射通量密度随温度的增加而迅速增加,当温度增加时,峰值波长将向短波方向移动(刘玉洁 等,2001)。在 4 μm 和 11 μm 通道,火点像元能比背景像元表现出更高的亮温。由于峰值波长会随温度的升高向短波方向移动,所以在火点处,4 μm 通道比 11 μm 通道的亮温高,且火点处这两个通道的亮温差比背景处明显偏高,因此,可以用这几个条件来检测火点(刘良明 等,2004)。

4 μm 通道对应了 AVHRR 的第三通道,11 μm 对应了 AVHRR 的第四通道。对于 EOS/MODIS 数据,与燃烧有关的 MODIS 波段特性见表 4.6。

表 4.6　MODIS 火点监测通道

通道号	波长(μm)	分辨率(m)	用　　途
CH1	0.62～0.67	250	过火面积,烟雾
CH2	0.84～0.87	250	过火面积,烟雾
CH6	1.62～1.65	500	火点探测、明火面积估算
CH7	2.10～2.13	500	火点探测、明火面积估算
CH20	3.66～3.84	1000	火点探测、明火面积估算
CH21	3.92～3.98	1000	火点探测、明火面积估算
CH22	3.92～3.98	1000	火点探测、明火面积估算
CH23	4.02～4.08	1000	火点探测、明火面积估算
CH24	4.43～4.49	1000	火点探测、明火面积估算
CH25	4.48～4.54	500	火点探测、明火面积估算
CH3l	10.7～11.2	1000	明火面积与过火估算
CH32	11.7～12.2	1000	明火面积与过火估算

从以上通道特性看,EOS/MODIS 在用于火点探测、过火面积估算等方面通道的分辨率和

波长都优于气象卫星,但由于 EOS/MODIS 数据量太大,无论是接收、预处理和后续应用处理时间都较长,而在轨的 NOAA 极轨气象卫星每天能接收的轨道数多,数据量也相对较小,对其处理速度很快,因此,在火险监测业务中往往同时采用两类卫星的多时相数据,以满足及时上报和通告火情的要求,基于卫星传感器各波段特性,在构建火点识别模型的时候,在选取 4 μm 和 11 μm 波段信息的同时,还需间接利用第 1、2 通道所反映的植被信息来突出燃烧点的植被状况,并且间接利用第 31、32 通道所反映的地表亮温信息来消除裸地、水体和云层的干扰。从严格意义上讲,由火情遥感监测模型所得的结果仅为热点,还不一定是火点,更不一定是林火。因而在林火识别中,不仅采用地表亮温信息,同时引进 NDVI 值以获得地表植被信息。

4.2.1.2　监测业务流程

根据上述可用于火灾探测的卫星数据波段信息,将可见光、近红外至热红外等多种分辨率的数据融合建立不同的火点识别模型,并在试验过程中验证各模型的有效性。通过识别模型将遥感影像中的火点识别出后,借助 GIS 平台,与地理背景数据相结合,获得森林燃烧信息。

卫星遥感林火监测的业务流程见图 4.12 所示。

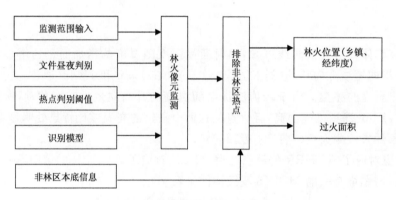

图 4.12　卫星遥感林火监测业务流程

根据文献报道,MODIS 一般火点检测的阈值范围是:22 通道温度 $T_2 > 360$ K(夜间 330 K),31 通道温度 $T_3 > 320$ K(夜间 315 K),同时 22 通道与 31 通道温度差 $\Delta T_{23} > 20$ K(夜间 10 K)(刘玉洁等,2001;Lim 等,2001;Kaufman 等,1998)。考虑大面积的低温闷烧处在红外区域的温度值可能没有明显的变化,当 $T_2 > 360$ K(夜间 330 K)时,不需要检测 ΔT_{23}(Kaufman 等,1998)。由于陆表温度的季节性和区域性的变化,这些阈值不是一个绝对确定的值,具体业务监测中需要不断与实际发生火情反复对照修改。

4.2.2　火灾遥感监测实例

4.2.2.1　黔南州一次火点监测及服务

2004 年 9 月 17 日 15:36,贵州省气象局工作者接收到美国 NOAA-16 极轨气象卫星遥感图像,经信息解译后发现在(107°7′37″E,26°1′34″N)处有一高温点,经过分析确认后判定为是火点,面积不足 1.1 km²,见图 4.13。

在该处卫星监测的植被指数界于森林和作物地之间,通过自主开发的贵州省生态环境遥感地理信息系统迅速查到了火点发生在黔南州平塘县谷硐乡熊冲村,见图 4.14。立即打电话通知平塘县气象局和有关防火部门,县政府在听取平塘县气象局的汇报后立即指示乡政府组织人员赶去扑灭火情,抢险队伍奔赴现场,经过 1 个多小时的紧张扑救,大火被扑灭,火情发生处不通电、不通电话、不通公路,灭火人员下车走了两个多小时才赶到火点,扑灭了正在燃烧的大火,该地点是一片灌木林山坡,与监测到的火点位置很接近。

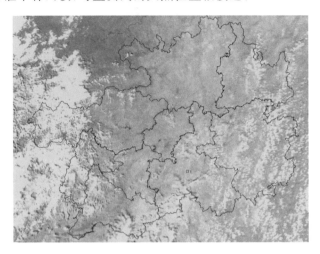

图 4.13　2004 年 9 月 17 日 NOAA-16 监测贵州火点

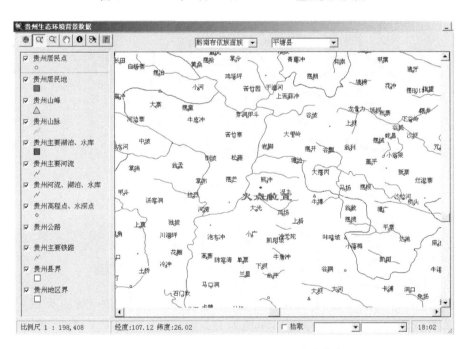

图 4.14　2004 年 9 月 17 日下垫面火点信息

4.2.2.2　多星连续监测贵州火点

2006 年 3 月 4 日 14:39,NOAA-18 监测到贵州省 9 个火点(见图 4.16):贵定窑上(107.17°E,26.18°N)、平塘掌布(107.10°E,26.09°N)、平塘者密镇(107.34°E,25.69°N)、长顺新寨(106.33°E,26.08°N)、长顺广顺镇(106.42°E,26.18°N)、望谟纳夜镇(106.33°E,25.16°N)、罗

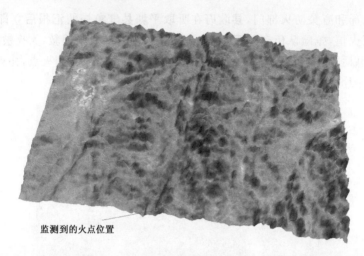

监测到的火点位置

图 4.15　Terra 卫星遥感的火点附近植被覆盖状况(与 1：25 万地理高程叠加)

匐县桑郎镇(106.48°E,25.25°N)、万山高楼坪(109.15°E,27.46°N)、万山下溪(109.35°E,27.52°N),所有火点面积均不到 1 km²。

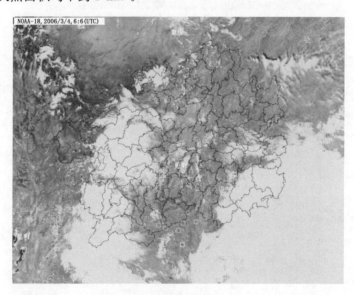

NOAA-18, 2006/3/4, 6:6(UTC)

图 4.16　2006 年 3 月 4 日 14:39 NOAA-18 监测火点图

截至当日 15:34,NOAA-16 监测到上述火点全被扑灭,发现一新的火点:三都烂土(107.77°E,25.88°N),面积不到 1 km²。见图 4.17。

4.2.2.3　卫星遥感火情监测信息输出

春季天干物燥,加上人们清明时节又有上坟烧纸的习俗,是一个火灾多发的季节,经常在遥感图像上发现几十到一百多个高温点,地面一旦出现火情,灭火工作刻不容缓,为此制定了1 小时内上报火情的制度,这之间包括了接收图像、定标、定位、投影变换、边界叠加、图像等一系列图像处理过程,程序繁多,工作量很大,因此火点信息的自动化输出显得尤为重要。

例如 2006 年 4 月 21 日 14:46 NOAA-18 监测到贵州省 43 个高温点(图 4.18),要在 1 小

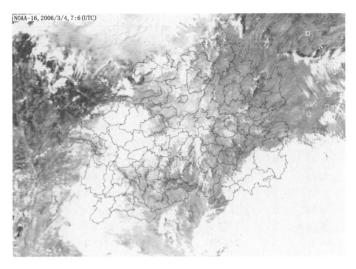

图 4.17　2006 年 3 月 4 日 15:34NOAA-16 监测火点图

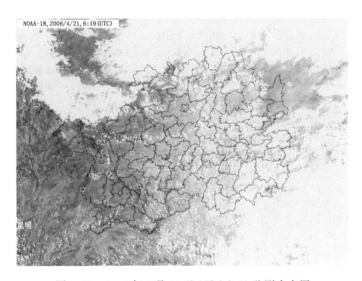

图 4.18　2006 年 4 月 21 日 NOAA-18 监测火点图

时内把图像处理完成并逐个读取出经纬度、所在乡镇等信息是不可能的,由此开发了火情信息自动输出模块,输出了该图火点信息(见表 4.7)。

表 4.7　2006 年 4 月 21 日 14:46 NOAA18 监测火点信息输出

序号	像元总数	面积(亩*)	面积(公顷)	面积(km²)	纬度	经度	通道亮温(K/度)	地表类型	行政边界
1	1	7.47	0.5	0	27°14′N	105°38′E	321.5/48.4	其他林地	大方安乐
2	1	3.69	0.25	0	27°12′N	104°24′E	321.1/48.0	有林地	赫章
3	1	3.74	0.25	0	27°10′N	104°35′E	320.4/47.2	旱地	赫章
4	1	3.99	0.27	0	26°49′N	104°43′E	320.7/47.6	有林地	赫章雉街
5	1	3.95	0.26	0	26°49′N	104°49′E	322.1/49.0	旱地	
6	1	3.37	0.22	0	26°48′N	106°34′E	321.0/47.9	水田	修文

序号	像元总数	面积(亩*)	面积(公顷)	面积(km²)	纬度	经度	通道亮温(K/度)	地表类型	行政边界
7	1	5.88	0.39	0	26°46′N	106° 4′E	321.8/48.6	旱地	织金
8	1	4.09	0.27	0	26°34′N	105°33′E	320.6/47.5	旱地	织金桂果
9	1	7.31	0.49	0	26°31′N	105°48′E	320.7/47.6	旱地	织金后寨
10	1	3.64	0.24	0	26°27′N	104°46′E	321.2/48.1	旱地	
11	1	3.44	0.23	0	26°21′N	104°55′E	320.3/47.1	有林地	
12	1	4.11	0.27	0	26°17′N	104°55′E	320.5/47.4	有林地	
13	1	3.46	0.23	0	26°15′N	106°19′E	320.8/47.6	水田	安顺市
14	1	5.61	0.37	0	26°15′N	106°43′E	323.6/50.5	旱地	惠水
15	1	3.58	0.24	0	26°10′N	106°23′E	320.8/47.6	有林地	长顺
16	1	7.4	0.49	0	26° 9′N	106°11′E	325.9/52.7	其他林地	安顺市
17	1	5.32	0.35	0	26° 7′N	106°24′E	322.0/48.9	其他林地	长顺
18	1	3.39	0.23	0	26° 4′N	105°13′E	321.1/48.0	旱地	六枝
19	1	4.5	0.3	0	26° 4′N	104°35′E	321.9/48.7	旱地	盘县坪地乡
20	1	3.68	0.25	0	26° 3′N	104°57′E	321.4/48.1	旱地	普安
21	1	3.73	0.25	0	26° 1′N	104°32′E	320.6/47.5	灌木林地	盘县洒基镇
22	1	3.82	0.25	0	26° 1′N	104°43′E	320.5/47.4	有林地	盘县松河乡
23	1	4.89	0.33	0	26° 1′N	106°54′E	322.4/49.2	旱地	惠水
24	1	3.76	0.25	0	26° 0′N	105° 1′E	322.2/49.1	高覆盖度草地	晴隆
25	1	3.71	0.25	0	26° 0′N	104°36′E	321.3/48.1	高覆盖度草地	盘县
26	1	4.95	0.33	0	26° 0′N	106°48′E	321.7/48.6	灌木林地	惠水
27	1	3.83	0.26	0	25°59′N	104°40′E	320.2/47.1	旱地	盘县
28	1	3.58	0.24	0	25°58′N	104°38′E	320.1/47.0	其他林地	盘县
29	1	3.52	0.23	0	25°55′N	107° 2′E	320.8/47.6	有林地	平塘摆茹镇
30	1	14.51	0.97	0.01	25°49′N	106°29′E	332.0/58.9	灌木林地	惠水
31	1	3.62	0.24	0	25°45′N	105°42′E	322.4/49.2	其他林地	关岭断桥镇
32	1	4.8	0.32	0	25°45′N	106°43′E	321.8/48.6	其他林地	惠水
33	1	3.39	0.23	0	25°43′N	106°46′E	321.1/48.0	旱地	平塘
34	1	5.08	0.34	0	25°43′N	106°37′E	321.6/48.5	其他林地	惠水
35	1	5	0.33	0	25°41′N	107° 8′E	322.3/49.1	旱地	平塘
36	1	3.62	0.24	0	25°40′N	104°19′E	321.2/48.1	旱地	盘县
37	1	6.29	0.42	0	25°40′N	106°10′E	322.7/49.6	灌木林地	紫云
38	1	3.58	0.24	0	25°34′N	106°17′E	321.4/48.2	灌木林地	紫云
39	1	4.48	0.3	0	25°28′N	106°55′E	321.5/48.4	其他林地	罗甸
40	1	4.63	0.31	0	25°21′N	104°53′E	321.7/48.6	旱地	普安楼下
41	1	5.41	0.36	0	25°21′N	104°55′E	322.2/49.1	旱地	兴仁
42	1	3.55	0.24	0	24°53′N	105° 0′E	320.7/47.6	灌木林地	兴义市
43	1	4.16	0.28	0	24°53′N	105° 1′E	320.4/47.2	灌木林地	兴义市

＊1亩＝1/15公顷。

4.3 大雾

雾是近地层空气中悬浮的大量水滴或冰晶微粒,使水平能见度降到 1 km 以下的一种常见的天气现象。雾能使能见度降低,引发交通事故,对社会经济、生态环境和局地地气系统都有着很大影响,被列为灾害性天气之一。雾的常规监测手段,主要是依靠地面气象观测站点的数据和数值预报模式。但是考虑到观测站点分布情况和观测时间的相对稀疏,以及数值预报模式较慢的运算速度,仍然不能满足对大雾的产生、发展及消散监测预警的要求。近些年来发展的卫星遥感技术凭借其稳定、可靠、客观的数据源,为大雾监测提供了行之有效的监测手段。周红妹等(2003)根据云雾光谱和红外特征,结合光谱和结构分析的方法研究了 NOAA 卫星云雾自动检测和修复模型,同时指出大陆沿岸海区泥沙量较大,区分云雾和泥沙问题需要进一步考虑。沙依然等(2008)利用 MODIS 卫星多通道多光谱探测数据,采用最佳波段组合法和量化判识指标法,对北疆大雾天气进行判识检验和动态监测分析。曹治强等(2007)利用卫星影像图,有效地区分云、雾和雪,并分析了 2007 年 1 月 15 日华北平原雪后大雾属于典型的平流雾。地处云贵高原东部的贵州,由于地形复杂,长期处于云贵静止锋后,空气湿度大等原因,全省年平均雾日数为 30 天,且主要集中在冬季,低温冰雪加上大雾对贵州交通运输等行业产生灾难性影响。利用卫星遥感进行贵州雾监测大有可为。

4.3.1　雾遥感监测原理与技术方法

雾由靠近地面、飘浮在空中的极细小的水滴或冰晶粒子组成。雾滴一般比云滴小得多,其粒子半径范围一般在几微米到十几微米之间。根据辐射理论,雾滴的大小、数密度及滴谱分布会影响到其散射相函数、光学厚度、单次散射反照率等因素,从而影响到辐射在大气中的传输。经过雾的散射、吸收到达卫星传感器的辐射中,包含了雾的物理和几何信息,因此,可以根据卫星在各通道所测量到的辐射值来监测雾。在可见光、近红外波段,辐射源主要来自太阳短波辐射,卫星高度处所接收到辐射主要是目标物(下垫面、云雾等)反射的太阳辐射能量。云雾的亮度或反射率取决于它的厚度和云粒子的相态、大小及其含水量。一般厚云比薄云更亮,冰云比水云亮。含水量高和云滴平均尺度小的云比含水量低和云滴平均尺度大的云更亮。在长波红外波段,太阳辐射的能量很小,物体自身热辐射是其主要的辐射来源。由于云(雾)顶温度通常随云高度而递降,不同高度云的亮温差异很大,低云、雾由于高度较低且更接近地面,所以低云、雾的温度高于中高云,可以利用温度差实现中高云的分离。短波红外波段位于太阳光谱曲线与地气辐射光谱曲线的相互重叠处,白天,辐射能量中既有物体自身热辐射,又包含其反射的太阳辐射;夜间由于没有阳光照射,该通道的辐射能量主要来自物体自身热辐射。不透明雾在短波红外波段中的比辐射率要小于在长波红外波段。

国内外对各种云型及下垫面的反照率研究表明,云的反照率一般大于 0.3,下垫面除雪盖及部分沙漠地区,反照率一般在 0.25 以下,雾的反照率一般介于二者之间。因此,设定反射率的阈值为 0.2,低于此阈值的判定为地表、水体等下垫面信息。雪盖在 0.65 μm 波段的反射率也较高,但是在近红外波段(1.6 μm)处,云和雪盖反射率都有下降,但是雪盖的反射率下降更为急剧。因此,根据云、雪在这两个波段上的辐射差异,我们采用归一化积雪指数 NDSI (Normalized Difference Snow Index)识别雪盖,当 NDSI≥0.4 时,该像元被判识为雪。其次是高云分离。长波红外通道辐射信息主要反映高中低云和下垫面的热辐射特征,将卫星数据的辐射值转化为亮温值,可以很容易分辨亮温低的高云区和亮温高的低云雾区。根据对卫星数据的分析,区分高云的阈值会随季节而变化,在综合考虑了前人的研究和贵州的气候特征后,将阈值设为 260 K,低于该值的像元,被判为高云,其中包含部分温度较低的中云。第三步是中低云分离。雾滴的粒径小而均匀,中低层云滴的半径是雾滴半径的 5 倍以上。小粒径云滴在

1.64 μm 通道的反射率大于在 0.654 μm 通道的反射率,而大粒径云滴刚好相反,因此,利用云滴在 1.64 μm 和 0.654 μm 通道的反射率差值,可以进行中低云的分离。最后是低层云分离。雾在 11 μm 和 3.7 μm 的亮温差比其他云类表面要小,可通过亮温差值为判断式,并对直方图进行分析确定动态阈值,从而实现雾区与低云的分离。

4.3.2　雾遥感监测实例

(1)实例 1

2012 年 11 月 17 日,贵州省出现大范围的大雾天气,采用 2012 年 11 月 17 日 08:34 的 NOAA-16 卫星数据,利用 4.3.1 节雾的遥感监测方法,对雾区进行了提取。图 4.19 是雾的监测分布图,红色区域为监测到的雾区。由于云和地形的影响,雾区被分割成许多块。

图 4.19　2012 年 11 月 17 日 08:34 NOAA-16 雾监测图

对于雾的监测结果,项目组用贵州省地面观测站的实测数据进行检验。地面气象观测数据来源于贵州省气象局,共有 83 个气象观测站的观测数据。地面观测站的观测时间为 2012 年 11 月 7 日 08:00,观测数据与遥感监测结果对比如表 4.8 所示。

表 4.8　地面观测数据与遥感监测结果对比表

遥感监测	地面观测		
	有雾站点/个	无雾站点/个	总计/个
有雾站点/个	23	12	35
无雾站点/个	7	41	48
总计/个	30	53	83

由表 4.8 可知,遥感监测结果与雾区地面观测资料相一致的百分比为 77.1%。由于卫星的过境时间与地面观测站的观测时间有 0.5 小时的滞后,因此,用地面观测站资料进行检验

时,雾区可能已经移动或消散,一定程度上影响了检验结果的精度。

(2)实例 2

2012 年 12 月 3 日,贵州省出现大范围的大雾天气,采用 2012 年 12 月 3 日 08:44 的 NO-AA-16 卫星数据,利用雾的遥感监测方法,对雾区进行了提取。图 4.20 是雾的监测分布图,红色区域为监测到的雾区。由于云和地形的影响,雾区被分割成许多块。

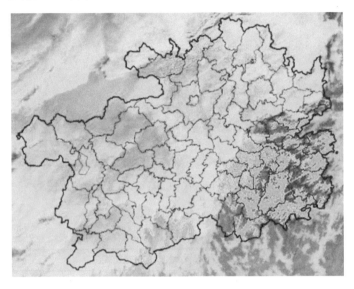

图 4.20　2012 年 12 月 3 日 08:44 NOAA-16 雾监测图

对于雾的监测结果,项目组用贵州省地面观测站的实测数据进行检验。地面气象观测数据来源于贵州省气象局,共有 83 个气象观测站的观测数据。地面观测站的观测时间为 2012 年 12 月 3 日 08:00,观测数据与遥感监测结果对比如表 4.9 所示。

表 4.9　地面观测数据与遥感监测结果对比表

遥感监测	地面观测		
	有雾站点/个	无雾站点/个	总计/个
有雾站点/个	25	16	41
无雾站点/个	6	36	42
总计/个	31	52	83

由表 4.9 可知,遥感监测结果与雾区地面观测资料相一致的百分比为 73.5%。由于卫星的过境时间与地面观测站的观测时间有 0.8 小时的滞后,因此,用地面观测站资料进行检验时,雾区可能已经移动或消散,一定程度上影响了检验结果的精度。

(3)实例 3

2012 年 12 月 6 日,贵州省出现大范围的大雾天气,采用 2012 年 12 月 6 日 11:13 的 FY-3A 卫星数据,利用雾的遥感监测方法,对雾区进行了提取。图 4.21 是雾的监测分布图,红色区域为监测到的雾区。由于云和地形的影响,雾区被分割成许多块。

对于雾的监测结果,项目组用贵州省地面观测站的实测数据进行检验。地面气象观测数据来源于贵州省气象局,共有 83 个气象观测站的观测数据。地面观测站的观测时间为 2012

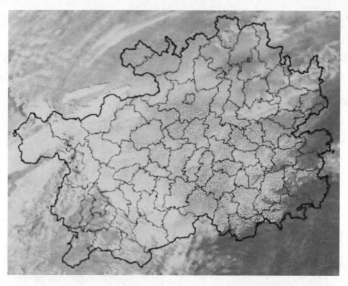

图 4.21　2012 年 12 月 6 日 11:13 FY-3A 雾监测图

年 12 月 6 日 08:00,观测数据与遥感监测结果对比如表 4.10 所示。

表 4.10　地面观测数据与遥感监测结果对比表

遥感监测	地面观测		
	有雾站点/个	无雾站点/个	总计/个
有雾站点	15	23	38
无雾站点	8	37	45
总计	23	60	83

由表 4.10 可知,遥感监测结果与雾区地面观测资料相一致的百分比为 62.6%。由于卫星的过境时间与地面观测站的观测时间有 3.2 小时的滞后,因此,用地面观测站资料进行检验时,雾区可能已经移动或消散,一定程度上影响了检验结果的精度。

(4)实例 4

2013 年 11 月 18 日,贵州省出现大范围的大雾天气,采用 2013 年 11 月 18 日 09:36 的 NOAA-16 卫星数据,利用雾的遥感监测方法,对雾区进行了提取。图 4.22 是雾的监测分布图,红色区域为监测到的雾区。由于云和地形的影响,雾区被分割成许多块。

对于雾的监测结果,项目组用贵州省地面观测站的实测数据进行检验。地面气象观测数据来源于贵州省气象局,共有 83 个气象观测站的观测数据。地面观测站的观测时间为 2013 年 11 月 18 日 08:00,观测数据与遥感监测结果对比如表 4.11 所示。

表 4.11　地面观测数据与遥感监测结果对比表

遥感监测	地面观测		
	有雾站点/个	无雾站点/个	总计/个
有雾站点	19	15	34
无雾站点	9	40	49
总计	28	55	83

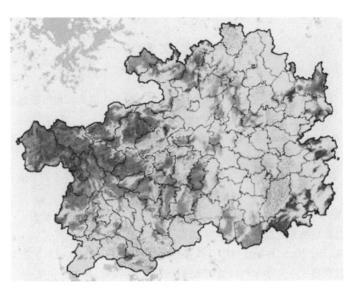

图 4.22　2013 年 11 月 18 日 09:36 NOAA-16 雾监测图

由表 4.11 可知,遥感监测结果与雾区地面观测资料相一致的百分比为 71.1%。由于卫星的过境时间与地面观测站的观测时间有 1.5 小时的滞后,因此,用地面观测站资料进行检验时,雾区可能已经移动或消散,一定程度上影响了检验结果的精度。

参 考 文 献

鲍平勇,张友静,贡璐,等,2007. 由遥感数据获取的地表反照率归一化问题探讨[J].河海大学学报(自然科学版),35(1):67-71.

曹爱丽,张浩,张艳,等,2008.上海近50年气温变化与城市化发展的关系[J].地球物理学报,51(6):1663-1669.

曹治强,方翔,吴晓京,等,2007. 2007年初一次雪后大雾天气过程分析[J].气象,33(9):52-58.

陈渭民,2005.卫星气象学[M].北京:气象出版社.

陈向红,1999.地面反射率与若干气象因子关系的初步分析[J].成都气象学院学报,14(3):233-238.

陈训,2007.贵阳市第二环城林带建设与研究[M].贵阳:贵州科技出版社.

池宏康,周广胜,许振柱,等,2005.表观反射率及其在植被遥感中的应用[J].植物生态学报,29(1):74-80.

崔春光,2000.强降水过程模式中尺度水汽初值的敏感性试验[J],气象,26(11):3-7.

崔锦泰,1997.小波分析导论[M].程正兴译,西安:西安交通大学出版社.

戴进,余兴,刘贵华,等,2011.青藏高原雷暴弱降水云微物理特征的卫星反演分析[J]. 高原气象,30(2):288-298.

邓军,白洁,刘健文,2006.基于EOS/MODIS的云雾光学厚度和有效粒子半径反演研究[J].遥感技术与应用,21(3):220-226.

邓莲堂,束炯,李朝颐,2001.上海城市热岛的变化特征分析[J].热带气象学报,17(3):273-280.

丁金才,张志凯,周红妹,等,2002.上海地区盛夏高温分布及热岛效应研究[J].大气科学,26(3):412-420.

丁裕国,江志红,1998.气象数据时间序列信号处理[M].北京:气象出版社.

董超华,张文建,2001.气象卫星遥感反演和应用论文集(上册)[M],北京:海洋出版社.

董言治,周晓东,2003.大气红外辐射模型与实用算法的研究进展[J].激光与红外,33(6):412-416.

董妍,李星敏,杨艳超,等,2011.西安城市热岛的时空分布特征[J].干旱区资源与环境,25(08),107-112.

杜小玲,彭芳,吴古会,等,2013.应用新型辐散方程诊断"6.28"关岭大暴雨的激发和维持机制[J].高原气象,32(3):728-738.

杜振彩,黄荣辉,黄刚,等,2011.亚洲季风区积云降水和层云降水时空分布特征及其可能成因分析[J].大气科学,35(6):993-1008.

方宗义,许健民,赵凤生,2004. 中国气象卫星和卫星研究的回顾和发展[J].气象学报,62(5):550-560.

傅云飞,刘栋,王雨,等,2007. 热带测雨卫星综合探测结果之"云娜"台风降水云与非降水云特征 [J]. 气象学报,65(3):316-328.

傅云飞,张爱民,刘勇,等,2008.基于星载测雨雷达探测的亚洲对流和层云降水季尺度特征分析[J].气象学报,66(5):730-746.

傅云飞,宇如聪,徐幼平,等,2003.TRMM测雨雷达和微波成像仪对两个中尺度特大暴雨降水结构的观测分析研究[J].气象学报,61(4):421-431.

高山红,吴增茂,谢红琴,2000.Kalman滤波在气象数据同化中的发展与应用[J].地球科学进展,15(5):571-575.

高晓清,1994.西北干旱地区大气中水汽平均输送[J],高原气象,13(3):307-313.

谷晓平,孟维亮,于飞,等,2011. 基于MODTRAN 4的贵阳市Landsat热红外波段大气透过率估计[J].中国农业气象,(S1):148-152.

管晓丹,黄建平,郭铌,等,2009. Variability of Soil Moisture and Its Relationship with Surface Albedo and

Soil Thermal Parameters over the Loess Plateau [J]. 大气科学进展(英文版),26(4):692-700.

贵州省统计局,2009.贵州六十年[M].北京:中国统计出版社.

韩广,色音巴图,1996.东北平原西部低地草甸的遥感估产模型研究[J].遥感技术与应用,11(2):20-25.

何会中,崔哲虎,程明虎,等,2004.TRMM 卫星及其数据产品应用[J].气象科技,32(1):13-18.

何泽能,李永华,陈志军,等,2008.重庆市 2006 年夏季城市热岛分析[J].热带气象学报,24(5):527-532.

侯鹏,王桥,房志,等,2013.国家生态保护重要区域植被长势遥感监测评估[J].生态学报,33(3):780-788.

侯志研,郑家明,冯良山,等,2007.应用遥感方法估算作物产量的研究进展[J].杂粮作物,27(3):220-222.

黄敬峰,AHMAD Yaghi,王人潮,2001.利用 GIS 与 TM 资料集成技术估算龙游县早稻面积[J].农业工程学报,17(1):159-162.

黄意玢,董超华,2002.用 940nm 通道遥感水汽总量的可行性试验[J].应用气象学报,13(2):184-192

季国良,江灏,柳艳香,1989.青藏高原及其邻近地区的水汽分布特征[J].干旱区地理,12(1):16-24.

江敦春,党人庆,陈联寿,1994.卫星资料在台风暴雨数值模拟中的应用[J].热带气象学报,10(4):318-324.

蒋璐君,李国平,母灵,等,2014.基于 TRMM 资料的西南涡强降水结构分析[J].高原气象,33(3):607-614.

金建德,周治黔,孟维亮,等,2011.基于 RS 和 GIS 的贵阳市土地利用/覆盖变化时空特征分析[J].云南大学学报(自然科学版),(S1):42-48.

荆大为,2009.杭州湾地区城市热岛效应研究[D].南京:南京信息工程大学.

景学义,江敦春,1998.对流云团资料在局地暴雨数值模拟预报中的应用[J].南京气象学院学报,21(4):662-669.

康为民,罗宇翔,向红琼,等,2010.贵州喀斯特山区的 NDVI-Ts 特征及其干旱监测应用研究[J].气象,36(10):78-83.

赖格英,杨星卫,1998.南方丘陵地区水稻种植面积遥感信息提取的可行性分析[J].遥感技术与应用,13(3):1-7.

黎光清,张文建,董超华,等,1999.东亚地区气象参数卫星遥感反演理论和方法研究Ⅰ:ISPRM 和 SRRM[J].气象学报,57(5):594-603.

黎伟标,杜尧东,王国栋,等,2009.基于卫星探测资料的珠江三角洲城市群对降水影响的观测研究[J].大气科学,33(6):1259-1266.

李爱贞,2001.生态环境保护概论[M].北京:气象出版社.

李成范,刘岚,周廷刚,等,2009.基于定量遥感技术的重庆市热岛效应[J].长江流域资源与环境,18(1):60-65.

李德俊,李跃清,柳草,等,2010.基于 TRMM 卫星探测对宜宾夏季两次暴雨过程的比较分析[J].气象学报,68(4):559-568.

李慧芳,袁占良,余涛,等,2012.HJ-1/CCD 地表反照率估算及其与 NDVI 关系分析 [J]遥感信息,27(4):16-21.

李玉柱,许炳南,2001.贵州短期气候预测技术[M].北京:气象出版社.

李卓仑,王乃昂,轧靖,等,2007.近 40 年兰州城市气候季节性变化与城市发展[J].高原气象,26(3):586-592.

历华,曾永年,负培东,等,2007.基于 MODIS 数据的长株潭地区城市热岛时空分析[J].测绘科学,32(5):108-116.

廖瑶,吕达仁,何晴,2014.MODIS、MISR 与 POLDER3 种全球地表反照率卫星反演产品的比较与分析[J].遥感技术与应用,29(6):1008-1019.

廖移山,冯新,石燕,等,2011.2008 年"7.22"襄樊特大暴雨的天气学机理分析及地形的影响[J].气象学报,69(6):945-955.

林学椿,于淑秋,2005.北京地区气温的年代际变化和热岛效应[J].地球物理学报,48(1):39-45.

林晔,王庆安,顾松山,等,1993.大气探测学教程[M].北京:气象出版社.

刘辉志，涂钢，董文杰，2008.半干旱区不同下垫面地表反照率变化特征[J].科学通报，**53**(10):1220-1227.

刘辉志，王宝民，符淙斌，2008. Relationships between Surface Albedo，Soil Thermal Parameters and Soil Moisture in the Semi-arid Area of Tongyu，Northeastern China [J]. Advances in Atmospheric Sciences，**25**(5)：757-764.

刘丽，刘清，王体健，等，2009.贵州生态环境的遥感调查及动态监测[C]//第 26 届中国气象学会年会农业气象防灾减灾与粮食安全分会场论文集.166-175.

刘丽，刘清，2004.贵州喀斯特地区生态环境监测和信息服务分析[J].贵州气象，**28**(5)，16-19.

刘丽，刘清，周颖，等，1999.卫星遥感信息在贵州干旱监测中的应用[J].中国农业气象，**20**(3)，43-47.

刘良明，鄢俊洁，2004. MODIS 数据在火灾监测中的应用[J].武汉大学学报：信息科学版，**29**(1)：55-57.

刘鹏，傅云飞，2010.利用星载测雨雷达探测结果对夏季中国南方对流和层云降水气候特征的分析[J].大气科学，**34**(4):802-814.

刘奇，傅云飞，2007.夏季青藏高原潜热分布及其廓线特征[J].中国科学技术大学学报，**37**(3):303-309.

刘清 沈桐立，2006.风云 2 号卫星红外资料在暴雨数值预报中的应用研究[J].热带气象学报，**22**(1)：101-104.

刘伟东，Baret F，张兵，等，2004.高光谱遥感土壤湿度信息提取研究[J].土壤学报，**41**(5):700-706.

刘文，1997.静止气象卫星资料精处理方法研究[J].山东气象，**17**(2):37-40.

刘晓春，毛节泰，2008.云中液水含量与云光学厚度的统计关系研究.北京大学学报(自然科学版)，**44**(1)：115-120.

刘鑫，甘淑，2011.基于 Landsat 数据的昆明地区热岛效应分析[J].科学技术与工程，**11**(13)，3009-3013.

刘玉洁，杨忠东，等，2001. MODIS 遥感信息处理原理与算法[M].北京：科学出版社.

刘转年，阴秀菊，2008.西安城市热岛效应及气象因素分析[J].干旱区资源与环境，**22**(2):87-90.

吕斯骅，1981.遥感物理基础[M].北京：商务印书馆.

马振锋，彭骏，高文良，等，2006.近 40 年西南地区的气候变化事实[J].高原气象，**25**(4):633-642.

毛克彪，覃志豪，施建成，等，2005.针对 MODIS 影像的劈裂窗算法研究[J].武汉大学学报：信息科学版，**30**(8):703-707.

孟维亮，谷晓平，于飞，等，2009.基于 MapInfo 的城市绿地综合评价研究[C]//2009 年贵州省气象年会交流文集.

孟维亮，谷晓平，于飞，等，2010.云光学性质反演云液态水含量研究[C]//2010 年全国卫星应用技术交流会.320-324.

苗曼倩，唐有华，1998.长江三角洲夏季海陆风与热岛环流的相互作用及城市化的影响[J].高原气象，**17**(3)：280-289.

闵锦忠，沈桐立，陈海山，等，2000.卫星云图资料反演的质量控制及变分同化数值试验[J].应用气象学报，**11**(4):410-418.

沙依然，丁林，镨拉提，等，2008. EOS-MODIS 卫星资料在北疆大雾监测中的应用分析[J].沙漠与绿洲气象，**2**(6):30-33.

申广荣，田国良，2000.基于 GIS 的黄淮海平原旱灾遥感监测研究作物缺水指数模型的实现[J].生态学报，**20**(2):224-228.

沈桐立，闵锦忠，吴诚鸥，等，1996.有限区域卫星云图资料变分分析的试验研究[J].高原气象，15(1):58-67.

盛裴轩，毛节泰，李建国，等，2003.大气物理学[M].北京：北京大学出版社.

隋学艳，王汝娟，姚慧敏，等，2014.农业气象灾害遥感监测研究进展[J].中国农学通报，**30**(17):284-288.

孙嘉，陆眹丽，2008.南京市热岛效应及效应响应分析[J].遥感技术与应用，**23**(3):336-340.

覃志豪，Li W J，Zhang M H，等，2003.单窗算法的大气参数估计方法[J].国土资源遥感，**56**(2):37-43.

覃志豪，Zhang M H，Karnieli A，等，2001.用陆地卫星 TM6 数据演算陆面温度的单窗算法[J].地理学报.56

(4):456-466.

覃志豪,李文娟,徐斌,等,2004.陆地卫星 TM6 波段范围内地表比辐射率的估计[J].国土资源遥感,**61**(3):28-41.

陶诗言,1980.中国之暴雨[M].北京:科学出版社.

田振坤,黄妙芬,刘良云,等,2006.使用单窗算法研究北京城区热岛效应[J].遥感信息,**21**(1):21-24.

王晨轶,李秀芬,纪仰慧,2009.黑龙江省植被长势遥感监测解析[J].中国农业气象,**30**(4):582-584.

王宏,李晓兵,李霞,等,2007.基于 NOAA NDVI 和 MSAVI 研究中国北方植被生长季变化[J].生态学报,**27**(2):504-515.

王娟敏,孙娴,毛明策,等,2011.西安市城市热岛效应卫星遥感分析[J].陕西气象,**44**(3):23-25.

王伟民,孙晓敏,张仁华,等,2005.地物反射光谱对 MODIS 近红外波段水汽反演影响的模拟分析[J].遥感学报,**9**(1):8-15.

王郁,胡非,2006.近 10 年来北京夏季城市热岛的变化及环境效应的分析研究[J].地球物理学报,**49**(1):61-68.

王振会,2001.TRMM 卫星测雨雷达及其应用研究综述[J].气象科学,**21**(4):491-500.

翁永辉,徐样德,1999.TOVS 资料的变分处理方法在青藏高原地区的数值试验[J].大气科学,**23**(6):703-712.

吴北婴,1999.大气辐射传输实用算法[M].北京:气象出版社.

肖乾广,陈维英,盛永伟,等,1994.用气象卫星遥感监测土壤水分的试验研究[J].应用气象学报,**5**(3):312-318.

徐浩杰,杨太保,2013.1981—2010 年柴达木盆地气候要素变化特征及湖泊和植被响应[J].地理科学进展,**32**(6):868-879.

徐南荣,卞南华,1997.红外辐射与制导[M].北京:国防工业出版社.

徐苇娜,2008.基于 TM 数据的武汉城市热岛及其与绿地关系的研究[D].武汉:华中农业大学.

徐枝芳,徐玉貌,葛文忠,2002.雷达和卫星资料在中尺度模式中的初步应用[J].气象科学,**22**(2):167-174.

严小冬,龚雪芹,石艳,2006.贵阳站气温均一性检验与订正[J].贵州气象,**33**(3):6-8.

杨娟,陈洪滨,王开存,等,2006.利用 MODIS 卫星资料分析北京地区地表反照率时空分布及变化特征[J].遥感技术与应用,**21**(5):403-406.

杨军,董超华等,2011.新一代风云极轨气象卫星业务新产品及应用[M].北京:科学出版社.

杨军,许健民,董超华,等,2012.气象卫星及其应用(上、下)[M].北京:气象出版社.

姚小娟,黎伟标,陈淑敏,2014.利用 TMI 反演的水汽凝结物对热带气旋潜热结构分布的探索研究[J].大气科学,**38**(5):909-923.

叶笃正,李崇银,王必魁,1988.动力气象学[M].北京:科学出版社.

余予,李扬云,童应祥,等,2009.寿县地区小麦和水稻田地表反照率观测分析[J].气候与环境研究,**14**(6):639-645.

余予,陈洪滨,夏祥鳌,等,2010.青藏高原纳木错站地表反照率观测与 MODIS 资料的对比分析[J].高原气象,**29**(2):260-267.

袁淑杰,谷晓平,缪启龙,等,2010.基于 DEM 的复杂地形下平均气温分布式模拟研究—以贵州高原为例[J].自然资源学报,**25**(5):859-867.

曾侠,钱光明,潘蔚娟,2004.珠江三角洲都市群城市热岛效应初步研究[J].气象,**30**(10):12-16.

张杰,张强,田文寿,等,2006.祁连山区云光学特征的遥感反演与云水资源的分布特征分析[J].冰川冻土,**28**(5):722-727.

张弓,许健民,黄意玢,2003.用 FY-1C 两个近红外太阳反射光通道的观测数据反演水汽总含量[J].应用气象学报,**14**(4):385-394.

张蒙,黄安宁,计晓龙,等,2016.卫星反演降水资料在青藏高原地区的适用性分析[J].高原气象,35(1):34-42.

张守峰,王诗文,1999.在台风业务系统中使用卫星云导风资料的试验[J].气象,25(8):21-24.

张树誉,李登科,景毅刚,等,2007.基于 MODIS 时序植被指数的陕西植被季相变化分析[J].中国农业气象,28(1):88-92.

张显峰,廖春华,2014.生态环境参数遥感协同反演与同化模拟[M].北京:科学出版社.

张一平,何云玲,马友鑫,等,2002.昆明城市热岛效应立体分布特征[J].高原气象,21(6):604-609.

赵大军,江玉华,李莹,2011.一次西南低涡暴雨过程的诊断分析与数值模拟[J].高原气象,30(5):1158-1169.

郑良杰,1989.中尺度天气系统的诊断分析和数值模拟[M].北京:气象出版社,

郑小波,陈娟,康为民,等,2007.利用 MODIS 监测高原水稻生育期和长势的方法[J].中国农业气象,28(4):453-456.

郑小波,康为民,田鹏举,等,2005.EOS/MODIS 遥感在贵州积雪监测中的应用[J].贵州农业科学.33(3):60-62.

郑照军,刘玉洁,张炳川,2004.中国地区冬季积雪遥感监测方法改进[J].应用气象学报,15(增刊):75-84.

周斌,杨柏林,2001.运用多时相直接分类法对土地利用进行遥感动态监测的研究[J].自然资源学报,16(3):263-268.

周红妹,谈建国,葛伟强,等,2003.NOAA 卫星云雾自动检测和修复方法[J].自然灾害学报,12(3):41-47.

周明煜,曲绍厚,李玉英,等,1980.北京城区热岛和热岛环流特征[J].环境科学,1(5):12-18.

周强,2008.南京地区城市热岛效应研究[D].南京:南京信息工程大学.

周淑贞,束炯,1994.城市气候学[M].北京:气象出版社.

周伟,王倩,章超斌,等,2013.黑河中上游草地 NDVI 时空变化规律及其对气候因子的响应分析[J].草业学报,22(1):138-147.

朱民,郁凡,郑维忠,等,2000.卫星反演湿度场及其在暴雨预报中的初步应用分析[J].气象学报,58(4):470-478.

朱乾根,林锦瑞,寿绍文,等,1992.天气学原理和方法[M].北京:气象出版社.

Albert P,Smith K M,Bennartz R,et al,2004. Satellite- and ground-based observations of atmospheric water vapor absorption in the 940 nm region [J]. Journal of Quantitative Spectroscopy & Radiative Transfer, 84(2):181-193.

Andrew S J,Ingrid C G,Thomas H V,1998. Data assimilation of satellite-derived heating rates as proxy surface wetness data into a regional atmospheric mesoscale model,Part I:Meteorology[J]. Mon Wea Rev, 126(3):634-645.

Baik J J,Kim Y H,Kim J J,et al,2007. Effects of boundary layer stability on urban heat island-induced circulation [J]. Theor Appl Climatol, 89(1/2):73-81.

Bao P Y,ZhangY J,Gong L,et al,2007. Study on consistency of land surface albedo obtained from ETM+and MODIS [J]. Journal of Hohai University, 35(1):67-71.

Bao Y,Lu S H,Zhang Y,et al,2008. Improvement of Surface Albedo Simulations over Arid Regions [J]. Advances in Atmospheric Sciences, 25(3):481-488.

Barnsley M J,Strahler A H,Morris K P,et al,1994. Sampling the surface bidirectional reflectance distribution function (BRDF):evaluation of current and future satellite sensors [J]. Remote Sensing Reviews, 8(4):271-311.

Boegh E,Soegaard H,Hanan N,et a1,1999. A remote sensing study of the NDVI-Ts relationship and the transpiration from sparse vegetation in the Sahel based on high-resolution satellite data[J]. Remote Sensing of

Environment, **69**(3):224-240.

Carlson T N, Gillies R R, Perry E M, 1994. A Method to Make Use of Thermal Infrared Temperature and ND-VI Measurements to Infer Surface Soil Water Content and Fractional Vegetation Cover[J]. Remote Sensing Reviews. **9**(1):161-173.

Carrer D, Roujean J L, Meurey C, 2010. Comparing Operational_MSG/SEVIRI Land Surface Albedo Products from Land SAF wtih Ground Measurements and MODIS [J]. IEEE Transactions on Geoscience and Remote Sensing, **48**(4):1714-1728.

Charney J G, 1975. Dynamics of deserts and drought in the Sahel [J]. QJR Meteorol Soc, **101**(428):193-202.

Charney J, Quirk W J, Chow S H, et al, 1977. A Comparative Study of the Effects of Albedo Change on Drought in Semi-Arid Regions [J]. J Atmos Sci, **34**(9):1366-1385.

Chen Yun-Hao, Li Xiao-bing, Xie feng, 2001. Study on Surface Albedo Distribution over Northwest China Using Remote Sensing Technique [J]. Scientia Geographica Sinica, **21**(4):327-333

Cheng Q, Huang J F, Wang R C, 2004. Assessment of rice fields by GIS/GPS-supported classification of MODIS data [J]. Journal of Zhejiang University (Science), **5**(4):412-417.

Christian K, William B, Toshiaki K, et al, 1998. The tropical rainfall measuring mission (TRMM) sensor package[J]. J. Atmos. Oceanic Technol. ,**15**(6),809-817.

Christopher Torrence, Gilbert P. Compo, 1998. A Practical Guide to Wavelet Analysis[J]. Bulletin of the American Meteorological Society,**79**(1):61-78.

Crystral Schaaf, John Martonchik, Bernard Pinty, et al, 2008. Retrieval of Surface Albedo from Satellite Sensors [J]. S Liang (ed), Advances in Land Remote Sensing, 219-243.

Czajkowski K P, Goward S N, Shirey D, et al, 2002. Thermal remote sensing of near-surface water vapor [J]. Remote Sensing of Environmnt, **79**(2):253-265.

De ABREU R A, Key J, Maslanik J A, et al, 1994. Comparison of In Situ and AVHRR-Derived Broadband Albedo over Arctic Sea Ice[J]. ARCTIC, **47**(3):288-297.

Dinguirard M, Slater PN, 1999. Calibration of space-multispectral imaging sensors:a review[J]. Remote Sensing of Environment,**68**(3):194-205.

Edmilson D F, Christopher M R, William R C, et al, 2007. Enter actions of an urban heat island and sea-breeze circulations during winter over the metropolitan area of São Paulo, Brazil [J]. Bound-Layer Meteor, **122** (1):43-65.

Eyre J R, Kelly G A, McNally A D, et al, 1993. Assimilation of Tovs radiance information through one dimensional variational analysis[J]. Quart. J. Roy. Meteor. Soc, **119**(514):1427-1463.

Frank H R, George D M, Alan E L, 2000. Assimilatioin of satellite image data and surface observations to improve analysis of circulations forced by cloud shading contrasts[J]. Mon Wea Rev,**128**(2):434-448.

Frouin R, Deschamps P Y, Lecomte P, 1990. Determination from space of atmospheric total water vapor amounts by differential absorption near 940 nm: theory and airborne verification [J]. Journal of Applied Meteorology, **29**(6):448-460.

Fu Yunfei, Zhang Aimin, Liu Yong, et al, 2008. Characteristics of seasonal scale convective and stratiform precipitation in Asia based on measurements by TRMM Precipitation Radar[J]. Acta Meteorologica Sinica,**66** (5):730-746.

Gandin L S, 1988. Complex quality control of meteorological observations [J]. Mon Wea Rev, **116** (5): 1137-1156.

Garand L, Halle J, 1997. Assimilation of clear and cloudy-sky upper-tropospheric humidity estimates using GEOS-8 and GEOS-9 data[J]. J. Atmos. Ocean. Tech, **14**(5):1036-1054.

Hautecoeur O, Roujean J L, 2007. Validation of POLDER Surface Albedo Products Based on a Review of Other Satellites and Climate Databases [J]. IEEE International Geoscience and Remote Sensing Symposium, 2844-2847.

Hill J, Sturm B, 1991. Radiometric correction of multitemporal Thematic Mapper data for use in agricultural land-cover classification and vegetation monitoring [J]. International Journal of Remote Sensing, **12**(7): 1471-1491.

Hoke J E, Anthes R A, 1976. The initialization of numerical models by a dynamical initialization technique [J]. Mon Wea Rev, **104**(12):1551-1556.

Hongyu Li, Zhang Q, Wang S, 2010. Research on Characteristics of Land-surface Radiation and Heat Budget over the Loess Plateau of Central Gansu in Summer [J]. Advances in Earth Science, **25**(10): 1070-1081.

Howard L, 1918. The climate of London [M]. London: W Phillips.

Idso S B, Jackson R D, Reginato R J, et al, 1975. The Dependence of Bare Soil Albedo on Soil Water Content [J]. Journal of Applied Meteorology, **14**(1): 109-113.

Idso S B, Jackson R D, Pinter J P J, 1981. Normalizing the Stress Degree-Day Parameter for Environmental Variability[J]. Agricultural Meteorology. **24**(1):45-55.

Jan-Peter Muller, Marco Zuhlke, Carsten Brockmann, et al, 2007. ALBEDOMAP: MERIS land surface albedo retrieval using data fusion with MODIS BRDF and its validation using contemporaneous EO and in situ data products [J]. IEEE International Geoscience & Remote Sensing Symposium, 2404-2407.

Jerome D F, Joel C T, Randy R, 2005. Pseudovertical temperature profiles and the urban heat island measured by a temperature datalogger network in Phoenix, Arizona [J]. Journal of Applied Meteorology, **44**(1): 3-13.

Jin Yufang, Schaaf C B, Woodcock C E, et al, 2003. Consistency of MODIS surface bidirectional reflectance distribution function and albedo retrievals: 2. Validation [J]. Journal of Geophysical Research Atmospheres, **108**(D5):4159.

Julienne Stroeve, AnneNolin, KonradSteffen, 1997. Comparison of AVHRR-derived and in Situ surface albedo over the greenland ice sheet [J]. Remote Sensing of Environment, **62**(3):262-276.

Julienne Stroeve, Jason E. Box, Feng Gao, et al, 2005. Accuracy assessment of the MODIS 16-day albedo product for snow: comparisons with Greenland in situ measurements [J]. Remote Sensing of Environment, **94**(1):46-60.

Kaufman Y J, Gao B C, 1992. Remote Sensing of Water Vapor in the Near IR from EOS/MODIS [J]. IEEE Transaction on Geoscience and Remote Sensing, **30**(5):871-884.

Kaufman Y J, Justice C, Flynn L, 1998. Monitoring Global Fires from EOS-MODIS[J]. Journal of Geophysical Research, **102**(29):611-624.

Kim Y H, Baik J J, 2005. Spatial and temporal structure of the urban heat island in Seoul[J]. Journal of Applied Meteorology, **44**(5):591-605.

Kokhanovsky A A, Breon FM, Cacciari A, et al, 2007. Aerosol Remote Sensing over Land: a Comparison of Satellite Retrievals Using Different Algorithms and Instruments [J]. Atmospheric Research, **85**(3): 372-394.

Kusaka H, Kimura F, 2004. Thermal effects of urban canyon structure on the nocturnal heat island: Numerical experiment using a mesoscale model coupled with an urban canopy model [J]. Journal of Applied Meteorology, **43**(12):1899-1910.

Liang Shunlin, Shuey Chad J, Russ Andrew L, et al, 2002. Narrowband to broadband conversions of land surface albedo: II validation [J]. Remote Sensing of Environment, **84**(1):25- 41 .

Liang Shunlin,2000. Narrowband to Broadband Conversions of Land Surface Albedo: I Algorithms [J]. Remote Sensing of Environment, **76**(2):213-238.

Liang Shunlin,2000. Numerical Experiments on the Spatial Scaling of Land Surface Albedo and Leaf Area Index [J]. Remote Sensing Reviews, **19**(1-4):225-242.

Lipton A E,Modica G D,1999. Assimilation of visible-band satellite data for mesoscale forecasting in cloudy conditions[J]. Monthly Weather Review, **127**(3):265-278.

Liu Q,Shen T L,2006. The Application of Homemade FY-2 Satellite Infrared Data to MM5[J]. Journal of Tropical Meteorology, **12**(1):103-104.

Lucht W,Schaaf C B,Strahler A H,2000. An algorithm for the retrieval of albedo from space using semiempirical BRDF models[J]. IEEE Transactions on Geoscience and Remote Sensing, **38**(2):977-998.

Markham B L,Barker J L,1987. Thematic Mapper bandpass solar exoatmospheric irradiances[J]. International Journal of Remote Sensing, **8**(3):517-523.

Moran M S,Clarke T R,Inoue Y,et al,1994. Estimating Crop Water Deficit Using the Relation between Surface-Air Temperature and Spectural Vegetation Index[J]. Remote Sensing Environment, **49**(3):246-263.

Morris C J G,Simmonds I,Plummer N,2001. Quantification of the influences of wind and cloud on the nocturnal urban heat island of a large city[J]. Journal of Applied Meteorology, **40**(2):169-182.

Nichol J E,1994. A GIS-Based Approach to Microclimate Monitoring in Singapore's High-Rise Housing Estates[J]. Photogrammetric Engineering & Remote Sensing,**60**(10):1225-1232.

Nolin A W,Stroeve J,1997. The changing albedo of the Greenland ice sheet:implications for climate modeling [J]. Annals of Glaciology, **25**:51-57.

Oleson K W,Bonan G B,Schaaf C,et al,2003. Assessment of global climate model land surface albedo using MODIS data [J]. Geophysical Research Letters, **30**(8): 516-528.

Petrenko M,Ichoku C,2013. Coherent uncertainty analysis of aerosol measurements from multiple satellite sensors [J]. Atmospheric Chemistry & Physics, **13**(2):6777-6805.

Pinty B,Taberner M,Haemmerle V R,et al,2011. Global-Scale Comparison of MISR and MODIS Land Surface Albedos [J]. Journal of Climate, **24**(3):732-749.

Price J C,1990. Using Spatial Context in Satellite Data to Infer Regional Scale Evapotranspiration[J]. IEEE Transactions on Geoscience and Remote Sensing, **28**(5):940-948.

Price J C,1987. Calibration of satellite radiometers and the comparison of vegetation indices[J]. Remote Sensing of Environment, **21**(1):15-28.

Qin Z,Karnieli A, Berliner P,2001. A mono-window algorithm for retrieving land surface temperature from Landsat TM data and its application to the Israel-Egypt border region[J]. International Journal of Remote Sensing,**22**(18):3719-3746.

Quattrochi Dal A,Luvall J C,Rickman D L,2000. A Decision Support Information System for Urban Landscape Management Using Thermal Infrared Data[J]. Photogrammetric Engineering & Remote sensing,**66**(10): 1195-1207.

Robinson D A,Kukla G,1984. Albedo of a Dissipating Snow Cover [J]. J. Climate Appl. Meteor, **23**(12): 1626-1634.

Roxy M S,Sumithranand V B,Renuka G,2010. Variability of soil moisture and its relationship with surface albedo and soil thermal diffusivity at Astronomical Observatory, Thiruvananthapuram, South Kerala[J]. Journal of Earth System Science, **119**(4): 507-517.

Sasaki Y K,1958. An objective analysis based on the variational method [J]. J. Meteor. Soc. Japan, **36**(3): 77-88.

Sasaki Y,1970. Some basic formalism in numerical variational [J]. Monthly Weather Review, **98**(12):875-883.

Schaepman-Strub G,Schaepman M E,Painter T H,et al,2006. Reflectance quantities in optical remote sensing-definitions and case studies [J]. Remote Sensing of Environment, **103**(1):27-42.

Schumacher C,Houze Jr R A,2003. Stratiform Rain in the Tropics as Seen by the TRMM Precipitation Radar [J]. Journal of Climate, **16**(11):1739-1756.

Sellers P J,Dickinson R E,Randall D A,et al,1997. Modeling the Exchanges of Energy,Water,and Carbon Between Continents and the Atmosphere [J]. SCIENCE, **275**(5299):502-509.

Simpson J,Adler R F,North G R,1988. A proposed Tropical Rainfall Measuring Mission (TRMM) satellite [J]. Meteorology & Atmospheric Physics,**69**(1-3):19-36.

Song J,1998. Diurnal asymmetry in surface albedo [J]. Agricultural & Forest Meteorology, **92**(3):181-189.

Stauffer D R, Seaman N L,1990. Use of four-dimensional data assimilation in a limited-area mesoscale model. Part I:Experiments with synoptic-scale data [J]. Monthly Weather Review, **118**(6):1250-1277.

Stauffer D R,Warner T T,Seaman N L,1985. A Newtonian "nudging" approach to four-dimensional data Assimilation:Use of SEAME-IV data in a meso-scale model [A]. Presented at: Seventh conference on numerical weather prediction; Montreal, PQ, Canada. Boston, MA: American Meteorological Society; pp. 77-82.

Sun S F,2002. Advance in Land Surface Process Study[J]. Bimonthly of Xinjiang Meteorology, **25**(6):1-6.

Taberner M,Pinty B,Govaerts Y,et al,2010. Comparison of MISR and MODIS land surface albedos:Methodology [J]. Journal of Geophysical Research Atmospheres, **115**(D5):1-13.

Tahl S,1998. Determination of the column water vapour of the atmosphere using backscattered solar radiation measured by the Modular Optoelectronic Scanners(MOS) [J]. International Journal of Remote Sensing, **19**(17):3223-3236.

Tucker C J, 1979. Red and photographic infrared linear combinations for monitoring vegetation[J]. Remote Sensing of Environment, **8**(2):127-150.

Tucker C J,Vanpraet C,Boerwinkel E,et al,1985. Satellite remote sensing of total dry matter production in the Senegalese Sahel[J]. Remote Sensing of Environment, **17**(3): 233-249.

Tucker C J,Miller L D,Pearson R L,1975. Short grass prairie spectral measurements[J]. Photogrammetric Engineering and Remote Sensing, **41**(9): 1157-1162.

Wang G,Han L,2009. The Distribution of Surface Albedo in Northeast[J]. Journal of Shenyang Agricultural University, **40**(4):417-420.

Wang K C,Wang P C,Liu J M,et al,2005. Variation of surface albedo and soil thermal parameters with soil moisture content at a semi-desert site on the western Tibetan Plateau [J]. Boundary-Layer Meteorology, **116**(1):117-129.

Xiao D P,Tao F L,Moiwo J P,2011. Research progress on surface albedo under global change [J]. Advances in Earth Science, **26**(11): 1217-1224.

Zhang Q,Cao X Y,Wei G A,et al,2002. Observation and study of land surface parameters over Gobi in typical arid region [J]. Advances in Atmospheric Sciences, **19**(1):121-135.

Zhang Q,Qian Y F,1999. Monthly Mean Surface Albedo Estimated From NCEP/NCAR Reanalysis Radiation Data [J]. Acta Geographica Sinica, **54**(4):309-317.